Helmut Orth

Gesetzmäßigkeiten in der Geschichte

Ein Versuch der Rückführung geschichtlicher Vorgänge auf Naturgesetze

Helmut Orth

Gesetzmäßigkeiten in der Geschichte

Ein Versuch der Rückführung geschichtlicher Vorgänge auf Naturgesetze

GRIN Verlag

Bibliografische Information Der Deutschen Bibliothek: Die Deutsche
Bibliothek verzeichnet diese Publikation in der Deutschen Nationalbibliografie;
detaillierte bibliografische Daten sind im Internet über http://dnb.ddb.de/
abrufbar.

1. Auflage 2008
Copyright © 2008 GRIN Verlag
http://www.grin.com/
Druck und Bindung: Books on Demand GmbH, Norderstedt Germany
ISBN 978-3-640-15064-9

Helmut Orth

Gesetzmäßigkeiten in der Geschichte

Inhaltsübersicht

Vorwort

Als ich nach dem zweiten Weltkrieg an der Technischen Hochschule Stuttgart Chemie studierte, riet man den Studenten, sich immer mit zwei Arbeitsgebieten zu befassen. Das zweite Interessengebiet wurde bei mir, wie bei vielen Chemikern, die Historie. Dabei entdeckte ich im Laufe der Zeit, dass gewisse geschichtliche Abläufe denselben Naturgesetzen folgen, die wir aus Chemie, Physik und Biologie kennen. In der vorliegenden Schrift sind diese Erkenntnisse beschrieben, in der Hoffnung, dass sich im Laufe der Zeit weitere Beispiele finden werden.
Es wird insbesondere eingegangen auf den Kondratieff-Zyklus mit spekulativen Zukunftsbetrachtungen über den nächsten Wirtschaftsaufschwung. Weitere, mathematisch fundierte Betrachtungen gelten der Volterra-Funktion, den olympischen Höchstleistungen und den Verteilungsfunktionen hinsichtlich zwei so verschiedenen Themen wie Städtegründungen und Pest. Den Abschluss bilden kurze Anwendungen von Sätzen aus Chemie und Thermodynamik auf geschichtliche Ereignisse.

Helmut Orth

Einleitung

"Wir haben das Glück, in einem Zeitalter zu leben, in dem noch immer Entdeckungen gemacht werden. Es ist wie mit der Entdeckung Amerikas - man kann es nur einmal entdecken. Das Zeitalter, in dem wir leben, ist das Zeitalter, in dem wir die fundamentalen Naturgesetze entdecken." Richard Feynman.

Die Fülle der Erscheinungen dieser Welt kommt uns verwirrend vor, jedoch gibt es hin und wieder zahlenmäßig ausdrückbare Fakten und Abläufe, die das Vorliegen von Gesetzmäßigkeiten vermuten lassen. So schreibt z. B. Arthur Koestler in seinem Buch "Der Mensch, Irrläufer der Evolution" auf Seite 308: "Aus den Statistiken der New Yorker Gesundheitsbehörde geht hervor, dass im Jahre 1955 im Durchschnitt jeden Tag 75,3 mal gemeldet wurde, ein Hund habe einen Menschen gebissen; 1956 wurden täglich 73,6 Hundebisse verzeichnet, 1957 waren es 73,5; 1958 meldete man 74,5 Bisse pro Tag und 1959 betrug die Zahl der täglichen Hundebisse 72,4. Statistisch ähnlich zuverlässig waren die Kavalleriepferde, die zwischen 1875 und 1894 Soldaten des deutschen Heeres zu Tode traten - sie richteten sich offenbar nach der so genannten Poisson-Gleichung der Wahrscheinlichkeitstheorie. Mörder in England und Wales hatten den gleichen Respekt vor den Gesetzen der Statistik, so sehr sie sich auch in Charakter und Motiv unterschieden. Seit dem ersten Weltkrieg verzeichnete man dort, gemessen an der Bevölkerungszahl, in den einzelnen Jahrzehnten eine nahezu konstante Mordquote: 1920-1929 gab es 3,84 Morde pro 1 Million Einwohner, 1930-1939 waren es 3,27 Morde, 1940-1949 wurden 3,92 Menschen pro Million umgebracht, 1950-1959 waren es 3,3 Morde pro Million Einwohner, und 1960-1969 kamen auf eine Million Einwohner etwa 3,5 Morde." Auch das Leben des Menschen scheint in Rhythmen abzulaufen: jeder Mensch befindet sich alle sieben Jahre in einem "besonderen" Zustand.
Schon Demokrit von Abdera (470-380) sagte: "Alles, was im Weltall existiert, ist die Frucht von Zufall und Notwendigkeit", gemeint ist die aus dem Zufall sich ergebende Notwendigkeit.
In den folgenden Kapiteln wird versucht, gewisse geschichtliche Vorgänge auf Naturgesetze zurückzuführen.

Naturgesetze, Regeln, Prinzipien, Sätze

Es ist unübersehbar, dass es in der Natur Gesetzmäßigkeiten gibt, die sich z. B. äußern in dem Wechsel von Tag und Nacht, Ebbe und Flut sowie in den Jahreszeiten. Die älteste Naturwissenschaft ist die Astronomie, weil ohne Versuchsaufbau Beobachtungen der Gestirne und ihrer Bewegungen möglich sind. Die Griechen begannen, Einzelheiten des Naturgeschehens mit Hilfe der Mathematik zu beschreiben, wobei Abkürzungen und Symbole als "Sprache" der Naturwissenschaft benutzt werden. Mit dieser Sprache lassen sich Naturgesetze aufstellen zur Beschreibung von Naturvorgängen. Ist eine erkannte Regelmäßigkeit nur von offenbar begrenzter Gültigkeit, so spricht man von einer Regel, einem Prinzip oder einem Satz.

2

Die Beschäftigung sowohl mit Naturwissenschaft, als auch mit Geschichte führt zu der Erkenntnis, dass gewisse Naturgesetze, Regeln, Prinzipien und Sätze aus der Naturwissenschaft auf geschichtliche Vorgänge anwendbar sind. Das Ergebnis kann eine Objektivierung der Geschichtsbetrachtung und eine Abkehr von Schuldzuweisung in der Politik sein.
Wie findet man ein Naturgesetz? Nach dem Grundsatz der analytischen Geometrie von René Descartes gehört zu jeder geometrischen Figur eine mathematische Funktion und umgekehrt. Durch ein überlegtes Experiment untersucht man die Abhängigkeit zweier Variablen von einander, z. B. die Strecke eines fallenden Steins gegen die Zeit, überträgt die Wertepaare in ein Koordinatennetz, verbindet die Punkte und sucht eine mathematische Funktion für die so entstandene Kurve. Bei gekrümmten Kurven versucht man eine Linearisierung, meist durch Auftragung in einem halb- oder doppelt-logarithmischen Netz, mitunter führt auch Radizierung zum Ergebnis. Man kann dann eine Geradengleichung aufstellen.

Zyklische Erscheinungen

Es war offenbar schon im Altertum bekannt, dass manche Erscheinungen zyklisch auftreten können. Berühmt ist die biblische Geschichte von den sieben fetten und den sieben mageren Jahren (1), die vermutlich das Ergebnis einer Klimaschwankung waren. Einen Zyklus von 22,2 Jahren hat man für internationale Schlachten im Zeitraum von 1415 bis 1982 gefunden (2). Zyklen von 18,2 Jahren entdeckte man für die unterschiedlichsten Ereignisse und Erscheinungen, z. B. die Eheschließungen in den USA in der Zeit von 1869 bis 1951, die Nilüberschwemmungen von 641-1451, die Einwanderungen nach den USA von 1820 bis 1964, die Bautätigkeit von 1830 bis 1956, die Java-Baumringe für die Zeit von 1514 bis 1929 u. a. (3). Ein 9,6 - Jahreszyklus wurde an 37 verschiedenen Beispielen nachgewiesen, z. B. für Raupenplagen in New Jersey, Kojotenüberhandnahme in Kanada, Weizenanbauflächen in den USA und die Baumwollpreise in den USA (4). Die biologischen Zyklen sind vermutlich als Räuber-Beute-Systeme im Sinne Volterras (s. u.) aufzufassen, wobei Raubtiere und Schädlinge als Räuber zu betrachten sind.
Nach den Erkenntnissen von Leonardo Fibonacci da Pisa (um 1170 bis 1240) und R.N. Elliott (1871 bis 1948) bewegen sich Waren- und Wertpapiermärkte wellenförmig nach bestimmten Mustern (5,6). Oswald Spengler (1880-1936) postulierte 700-Jahreszyklen für gravierende geschichtliche Ereignisse als Folge von Trockenzeiten (550: die Beulenpest mit verheerender Wirkung auf Europa, 1250: das Ende der Stauferzeit, und erst nach Spenglers Tod - 1945: der fatale Zusammenbruch des Deutschen Reichs). Hanns-Martin Decker-Hauff (1919-1995) reduzierte die Zyklen auf 300 Jahre als Ergebnis von Kriegen oder Katastrophen (450: Völkerwanderung, 750: Ende der Merowingerzeit, 1050: das römisch-deutsche Reich erreicht seine größte Ausdehnung unter Heinrich III, 1350: die große Pest, 1648: Ende des 30-jährigen Kriegs, 1945: WK II und seine Folgen). Zyklische Erscheinungen hat es aber auch schon in vorgeschichtlicher Zeit gegeben. Aus der Untersuchung von Eisbohrkernen folgert man, dass es in den letzten 400 000 Jahren alle 100 000 Jahre Höhepunkte der Temperatur und des CO_2-Gehalts der Erdatmosphäre gegeben hat. Die Eiszeiten unterlagen Zyklen von 100 000, 41 000 und 23 000 Jahren als Folge von langfristigen Veränderungen der Erdparameter, die eben diese Perioden aufweisen (Milankovitch-Theorie). Sonnenflecken treten in einem elfjährigen Zyklus auf, sie verändern periodisch die auf die Erde einfallende solare Strahlung.

Der Kondratieff-Zyklus oder die langen Wellen der Konjunktur (7)

Die Dynamik des Wirtschaftslebens in der "kapitalistischen Gesellschaftsordnung" ist zyklischen Charakters, worunter im allgemeinen 7-bis 11-jährige Zyklen verstanden werden, die man als "mittlere " Wellen bezeichnet, weil es daneben noch kürzere von 3 1/2 Jahren Länge, aber auch größere von etwa 50 Jahren gibt. Eine Überlagerung verschiedener Wellenlängen macht die Wirtschaftsdynamik sehr kompliziert.
Der Russe Nicolai Kondratieff (1892-1938) befasste sich nur mit den langen Wellen, deren Existenz damals bezweifelt wurde. Die Erforschung gestaltete sich für ihn schwierig, weil statistisches Material erst seit Ende des 18., teils erst seit Mitte des 19. Jahrhunderts vorliegt und verständlicherweise lange Zeitspannen erfasst werden müssen.
Kondratieff hat für Deutschland, Frankreich, England und USA Zahlenmaterial gesammelt und ausgewertet, wobei England und Frankreich wegen der besseren Unterlagen bevorzugt wurden.
Die Methodik. Kondratieff unterscheidet zwei Gruppen. Die erste zeigt außer Schwankungsvorgängen keine Steigungs- oder Neigungstendenz. Die zweite hat neben Schwankungen auch eine Tendenz von bestimmter Richtung, meist nach oben, weil der Warenbedarf mit wachsender Bevölkerung zunimmt. Zur Auffindung der langen Wellen hat Kondratieff die Jahresgrößen dieser Reihen durch die Einwohnerzahl des betreffenden Landes dividiert und hat dadurch die Kurven, die das reale Wachstum der Gesellschaft ausdrücken, näher bestimmt. Zudem hat er bei Ländern, die Gebietsveränderungen erfuhren, die Größen der anfänglichen Reihen aus der Zeit vor und nach der Veränderung vergleichbar gemacht. Kondratieff schaltet dann den Einfluss der mittleren und der kurzen Wellen aus, indem er die Reihen der Abweichungen nach der Methode des beweglichen Mittelwerts ausgleicht.

3

Das mittlere Niveau der Warenpreise. Kondratieff zeichnet die für Frankreich, England und USA erhältlichen Preisindexzahlen ohne irgendwelche Bearbeitung graphisch auf (Abb. 1). Man sieht, dass es sich trotz aller Abweichungen um eine Abfolge von langen Wellen handelt. Die erste Welle hat ihren Aufstieg in der Zeit von 1789 bis 1814, mithin 25 Jahre, der Abstieg beginnt 1814 und endet 1849, dauert also 35 Jahre, der Preisbewegung somit 60 Jahre. Die zweite Welle beginnt mit einem Anstieg im Jahr 1849, der bis 1873 dauert. In den USA liegt allerdings das Maximum der Preissteigerung im Jahr 1866 als Folge des Bürgerkriegs. Das Absinken der zweiten Welle dauert von 1873 bis 1896, somit 23 Jahre, der ganze Zyklus 47 Jahre. Die dritte Welle nimmt ihren Anstieg im Jahr 1896 und beendet ihn 1920, also nach 24 Jahren. Hier endet Kondratieffs Berichterstattung aus zeitlichem Grund. In der Preisbewegung seit Ende der 1780er Jahre gibt es also drei große Zyklen, von denen der letzte zum Zeitpunkt von Kondratieffs Berichterstattung noch nicht abgeschlossen war. Die Wellen sind nicht von gleicher Länge, diese schwankt zwischen 47 und 60 Jahren.

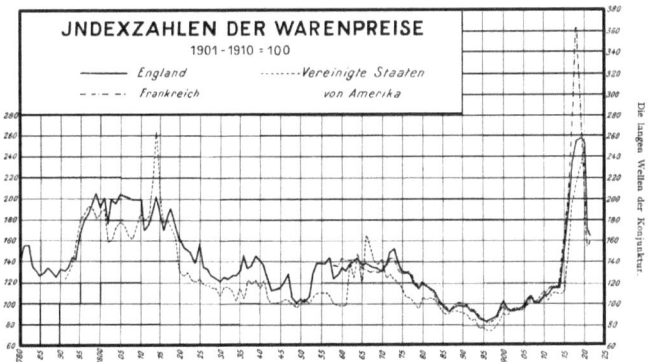

Abb. 1: Mittleres Niveau der Warenpreise in England, Frankreich, USA von 1780 bis 1920 (1)

Der Kapitalzins. Kondratieff legt den Kurs von Staatspapieren für seine Untersuchung zugrunde (Abb. 2). Der Kurs festverzinslicher Wertpapiere bewegt sich bekanntlich entgegen gesetzt zu Konjunktur und Kapitalzins. Er ist nieder bei gut gehender Konjunktur und umgekehrt. Ab 1813 steigt die Welle der Kurse bis zur Mitte der 1840er Jahre. Im zweiten Zyklus sinkt die Kurswelle von 1844/45 bis 1870/74 und steigt von 1897 bis 1921. Kondratieff schreibt, dass die Perioden dieser Zyklen mit den Bewegungen der Warenpreise überein stimmen. Er kann die Reihe mathematisch definieren durch: $y = 149{,}39 + 3{,}46 \ x + 0{,}0060 \ x^2$.

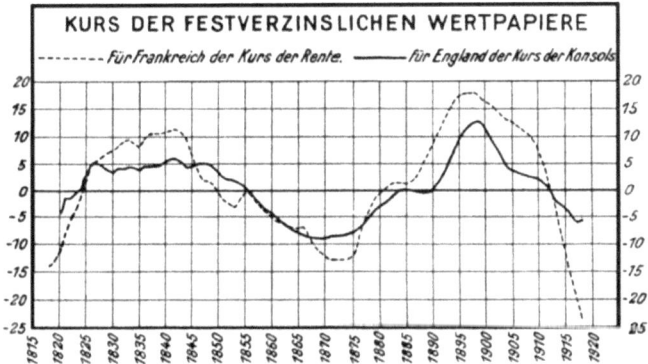

Abb. 2: Entwicklung des Kapitalzinses in England und Frankreich von 1820 bis 1920 (1)

Der Lohn. Kondratieff stützt sich auf englische Angaben der dortigen Arbeiter in der Baumwollindustrie ab 1806 und in der Landwirtschaft ab 1789. Die Daten wurden auf die Zahlen von 1892 bezogen sowie auf Goldwährung. Abb. 3 zeigt, dass der Lohn der Landarbeiter seit den 1790er Jahren ansteigt, in den Jahren 1805-1818 kulminiert und die Lohnsteigerung sich verringert bis zum Ende der 1840er Jahre, das bedeutet das Ende des ersten Zyklus. Danach beschleunigt sich die Lohnsteigerung bis 1873-76, gefolgt von einer Verlangsamung des Lohnanstiegs bis 1888-95. Hier endet der zweite Zyklus, es folgt eine erneute Beschleunigung der Lohnsteigerung bis 1920-21.

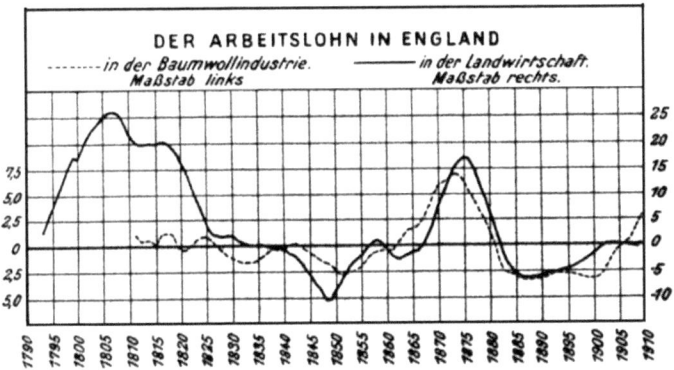

Abb.3: Der Arbeitslohn in England von 1910 (1)

Außenhandelsumsätze. Kondratieff benutzt hier die Summe der französischen Aus- und Einfuhren und dividiert die Zahlen durch die Bevölkerungszahl. Die Kurve in Abb. 4 beginnt mangels Zahlen erst um 1830 mit einem absteigenden Kurvenast. Der Anstieg der zweiten Welle beginnt 1848, ihr Abstieg 1872 bis 1896, anschließend kommt ein neuer Anstieg.

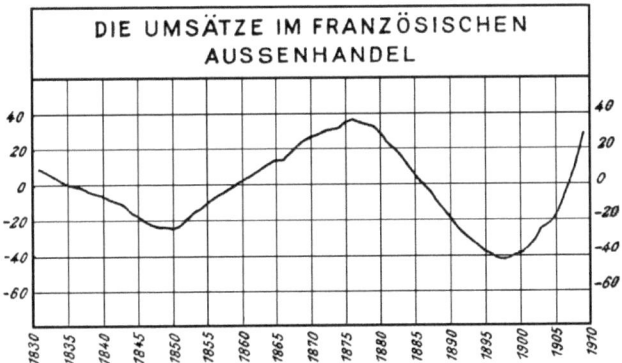

Abb. 4: Außenhandelsumsätze in Frankreich, 1830 bis 1910 (1)

Erzeugung und Verbrauch von Kohle; Roheisen- und Bleigewinnung. Kondratieff untersucht die englische Kohlenerzeugung, den französischen Kohlenverbrauch sowie die englische Roheisen- und Bleierzeugung. Die Daten wurden wieder durch die Bevölkerungszahlen dividiert. Zahlen liegen erst seit den 1830er, mitunter erst den 1850er Jahren vor, es lassen sich daher nur 1 1/2 bis 2 große Zyklen finden, die aber sehr deutlich in Erscheinung treten. Der Kohlenverbrauch sinkt bis Ende der 1840er Jahre und erreicht sein Maximum 1865, danach kommt der Abstieg bis 1890, um wieder zu steigen. Es liegen also zwei große Zyklen vor. Die Erzeugung von Roheisen und Blei lässt 1 1/2 große Zyklen erkennen (Abb. 5).
Die Kohleförderung in England konnte er definieren durch:

$$y = 10^{3,6614+ 0,0063x- 0,000094 x^2}$$

den Kohleverbrauch in Frankreich durch:
$$y = 539,21 + 16,90 + 0,1326 x^2 + 0,00026 x^3,$$
die Roheisenerzeugung in England durch:
$$y = 194,86 + 2,22 x - 0,0560 x^2,$$
und schließlich die Bleierzeugung in England:

$$y = 10^{0,0278- 0,0166x- 0,00012x^2}$$

Kondratieff definiert weder die Variablen y und x, noch gibt er Dimensionen an, jedoch liegt es nahe, für y Erzeugung bzw. Verbrauch und für x die Zeit zu setzen.

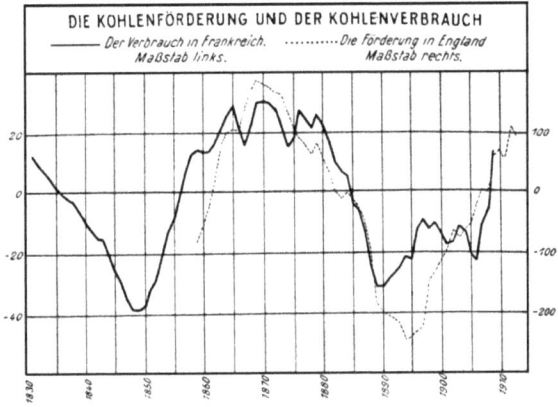

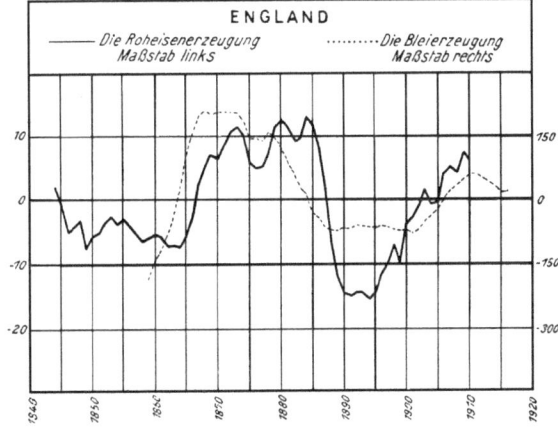

Abb. 5: Förderung und Verbrauch von Kohle in England, Roheisen- und Bleierzeugung in England (1)

6

Kondratieff konnte lange Wellen feststellen bei den Depositen, dem Portefeuille der Bank von Frankreich und den Einlagen bei den französischen Sparkassen, ebenso den Einfuhren nach Frankreich und dem gesamten englischen Außenhandel. Lange Wellen sind außerdem festgestellt bei der Kohlengewinnung der USA, Deutschlands und der ganzen Erde, der Blei- und Stahlerzeugung der USA, in der Spindelzahl der amerikanischen Baumwollindustrie, bei der Anbaufläche der Baumwolle in den USA sowie des Hafers in Frankreich. Dagegen gelang es ihm nicht, lange Wellen zu bekommen im französischen Baumwollverbrauch, in der Wolle- und Zuckererzeugung der USA. Immerhin konnte er folgende Schlüsse ziehen:
- Die Bewegung der untersuchten Elemente vom Ende des 18. Jahrhunderts bis zur Gegenwart lässt große Zyklen erkennen, die nicht als zufälliges Ergebnis der angewandten Methoden zu betrachten sind, weil diese Wellen mit ungefähr denselben Perioden in allen wichtigen der untersuchten Elemente gefunden werden.
- Die langen Wellen fallen bei den einzelnen untersuchten Elementen zeitlich mehr oder weniger - wenn auch nicht ganz - zusammen, wie die Tabelle 1 zeigt, aus der auch hervor geht, dass zwischen den Wellenbewegungen der einzelnen Länder Elemente vorhanden sind, in denen eine nahe zeitliche Übereinstimmung herrscht.
-   Die Bestimmung des zeitlichen Umschwungs hat zwar einen Fehler von 5-7 Jahren, es lassen sich aber immerhin die in der Tabelle angegebenen Grenzen dieser Zyklen als wahrscheinlich betrachten.
-   Die festgestellten langen Wellen sind international.
-   Während des Absinkens der langen Wellen macht die Landwirtschaft in der Regel eine besonders scharf ausgesprochene, lang anhaltende Depression durch: nach den Napoleonischen Kriegen, am Anfang der 1870er Jahre sowie nach dem ersten Weltkrieg. Ähnliches dürfte auch als Interpretation gelten für manche Erscheinungen des 14. Jahrhunderts, als es der Landwirtschaft sehr schlecht ging und die Leute in die Städte flüchteten - "Stadtluft macht frei!" hieß damals die Parole, mit dem Ergebnis, dass Städtegründungen gewaltig zu nahmen.
-   Während des Absinkens der langen Wellen werden besonders viele wichtige Entdeckungen und Erfindungen in der Produktions- und Verkehrstechnik gemacht, die jedoch gewöhnlich erst beim Beginn des langen Anstiegs zum Tragen kommen.
-   Im Beginn des langen Anstiegs pflegt die Goldgewinnung zu wachsen und der Weltmarkt durch stärkere Einbeziehung neuer Länder ausgedehnt zu werden.
-   In der Zeit des Ansteigens der langen Wellen, d. h. der Hochspannung im Wachstum des Wirtschaftslebens, fallen in der Regel die meisten und größten kriegerischen und inneren sozialen Erschütterungen an. Kondratieff schreibt aber, dass er diesen Regelmäßigkeiten nur empirischen Charakter beimisst und keinesfalls meint, in ihnen läge eine Erklärung der langen Wellen. Kondratieffs Beobachtung ist zutreffend für die Zeit der französischen Revolution und der nachfolgenden Napoleonischen Kriege, stimmt aber nicht für die Zeit von 1914 am Beginn des ersten Weltkriegs, die laut Tabelle 1 nicht in einem ansteigenden, sondern in einem absteigenden Ast der Welle lag.
-   Auf den untersuchten Zeitraum von 140 Jahren - vorher liegen keine Zahlen vor - kommen nur 2 1/2 Zyklen. Kondratieff hält aber die vorhandenen Daten für ausreichend, um diesen zyklischen Charakter zu erklären. Dabei versteht er unter "Regelmäßigkeit" die Wiederholung in regelmäßigen Zeitabständen, die den langen Wellen nicht abgesprochen werden kann, wobei es eine strenge Periodizität in sozialen und ökonomischen Erscheinungen nicht gibt, auch nicht in den mittleren Wellen. Deren Länge schwankt zwischen 7 und 11 Jahren, d. h. um 57%. Bei den großen Wellen, die man beobachten kann, schwankt die Dauer zwischen 48 und 50 Jahren, also nur um 4%.
-   Änderungen in der Technik haben zwei Voraussetzungen: 1) Es müssen die entsprechenden wissenschaftlich-technischen Erfindungen vorliegen und 2) es muss wirtschaftlich möglich sein, sie praktisch anzuwenden, wobei Richtung und Intensität eine Funktion der Anforderung der praktischen Wirklichkeit und der voraus gegangenen Entwicklung von Wissenschaft und Technik sind. Als Beweis zitiert Kondratieff die Tatsache, dass oft dieselben Erfindungen und Entdeckungen an verschiedenen Orten gleichzeitig und unabhängig von einander gemacht werden, z. B. das Telefon. Jedoch können Erfindungen unwirksam bleiben, so lange die ökonomischen Vorbedingungen zu ihrer Anwendung fehlen, wie z. B. die wissenschaftlich-technischen Erfindungen des 17. und 18.Jahrhunderts, die erst in der industriellen Revolution des 19. Jahrhunderts zur Anwendung im Großen gelangten. Wir haben oben gesehen, dass die Entwicklung der Technik ihrerseits in den Rhythmus der langen Wellen eingefügt ist.
-   Über Kriege und Revolutionen schreibt Kondratieff: Sie fallen nicht vom Himmel und entspringen nicht der Willkür einzelner Persönlichkeiten, sondern sie entstehen auf dem Boden der realen, vor allem ökonomischen Verhältnisse. Er nimmt an, dass den Kriegen die Erhöhung des Tempos und der Anspannung des Wirtschaftslebens, der verschärfte wirtschaftliche Kampf um Märkte und Rohstoffe zugrunde liegen und dass auch soziale Erschütterungen unter stürmischem Druck neuer Kräfte entstehen. Somit lassen sich auch Kriege und die sozialen Erschütterungen in den Rhythmus der langen Wellen einfügen und erweisen sich nicht als Kräfte, von denen diese Bewegungen ausgehen, sondern sind in diese eingefügt als eine ihrer Erscheinungsformen! Wie sagte einst Napoleon: "Politische Tragödien treten ein, nicht weil Politiker Verbrechen begehen, sondern weil sie durch die politische Notwendigkeit oder die Natur der Umstände zum Handeln gezwungen werden."

7

- Auch die Einbeziehung von Neuländern in die Weltwirtschaft kann nicht als der äußere Faktor für die Entstehung der langen Wellen in der Dynamik des Wirtschaftslebens gelten. Die USA waren z. B. schon sehr lange bekannt, in die Wirtschaft aber beginnen sie erst Mitte des 19. Jahrhunderts stärker verflochten zu werden. Dasselbe gilt für Kanada, Australien, Neuseeland.
- Kondratieff betrachtet die Goldgewinnung und die Goldvermehrung ebenfalls als von den langen Wellen abhängig, nicht umgekehrt. Die Goldgewinnung steigt am stärksten von der Zeit an, wo die Welle am tiefsten sinkt und umgekehrt. Die Goldgewinnung ist dem Rhythmus der langen Wellen untergeordnet und ist nicht ihre Ursache. Kondratieff kommt zu der Schlussfolgerung, dass auf Grund der verfügbaren Daten das Vorhandensein langer zyklischer Wellen der Konjunktur als sehr wahrscheinlich zu bezeichnen ist.

Tabelle 1: Die langen Wellen der Konjunktur (7)

Land und Element	Erster Zyklus		Zweiter Zyklus		Dritter Zyklus	
	Beginn des Aufstiegs	Beginn des Abstiegs	Beginn des Aufstiegs	Beginn des Abstiegs	Beginn des Aufstiegs	Wahrsch. Beg. des Abstiegs
Frankreich						
1. Preise	-	-	-	1873	1896	1920
2. Kapitalzins	-	1816*	1844	1872	1894	1921
3. Portefeuille der Bank	-	1810*	1851	1873	1902	1914
4. Einlagen bei den Spark.	-	-	1844	1874	1892	-
5. Lohn d. Kohlenbergarb.	-	-	1849	1874	1895	-
6. Einfuhr	-	-	1848	1880	1896	1914
7. Ausfuhr	-	-	1848	1872	1894	1914
8. Ges. Außenhandel	-	-	1848	1872	1896	1914
9. Kohlenverbrauch	-	-	1849	1873	1896	1914
10. Haferanbaufläche	-	-	1850*	1875	1892	1915
England						
1. Preise	1789	1814	1849	1873	1896	1920
2. Kapitalzins	1790	1816	1844	1874	1897	1921
3. Lohn d. Landarbeiter	1790	1812-17	1844	1875	1889	-
4. Lohn d. Textilarbeiter	-	1810*	1850	1874	1890	-
5. Außenhandel	-	1810*	1842	1873	1894	1914
6. Kohlengewinnung	-	-	1850*	1873	1893	1914
7. Roheisenerzeugung	-	-	-	1871	1891	1914
8. Bleierzeugung	-	-	-	1870	1892	1914
USA						
1. Preise	1790	1814	1849	1866	1896	1920
2. Roheisenerzeugung	-	-	-	1875-80	1900	1920
3. Kohlengewinnung	-	-	-	1893	1896	1918
4. Baumwollanbaufläche	-	-	-	1874-81	1892-95	1915
Deutschland						
Kohlenförderung	-	-	-	1873	1895	1915
Die ganze Erde						
1. Roheisenförderung	-	-	-	1872	1894	1914
2. Kohlenförderung	-	-	-	1873	1896	1914

*=angenommener Wert

Erste lange Welle: 1. Der Anstieg dauert vom Ende der 1780er oder vom Anfang der 1790er Jahre bis 1810-17.
2. Der Abstieg dauert von 1810-17 bis 1844-51.
Zweite lange Welle: 1. Der Anstieg dauert von 1844-1851 bis 1870-1875.
2. Der Abstieg dauert von 1870-1875 bis 1890-1896.
Dritte lange Welle: 1. Der Anstieg dauert von 1890-1896 bis 1914-1920.
2. Der Abstieg beginnt *wahrscheinlich* 1914-1920.

8

Anwendung auf die Soziologie.
Eine sehr interessante Variante des Kondratieff-Zyklus beschreibt C. Marchetti (8). Bei der statistischen Untersuchung der Morde und Selbstmorde in den USA findet man regelmäßige Schwankungen um den Mittelwert, die grafische Auftragung ergibt je eine sinoide Wellenkurve. Der zeitliche Abstand von Wellenberg zu Wellenberg bzw. von Wellental zu Wellental beträgt 55 Jahre, in Übereinstimmung mit den aus wirtschaftlichen Daten ermittelten Kondratieff-Zyklen (Abb. 6).

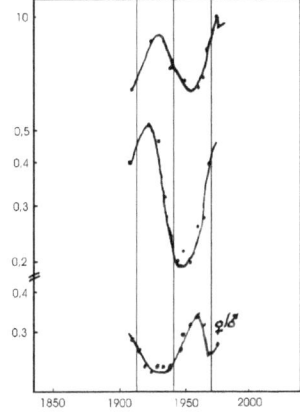
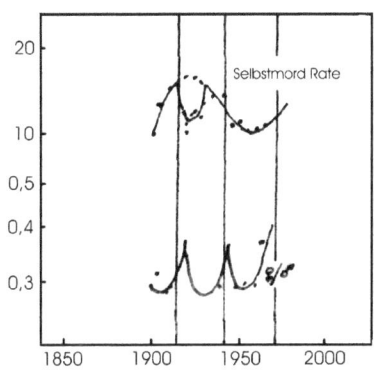

Abb. 6: Morde und Selbstmorde in den USA. Es ist offensichtlich, dass die Leute unter dem Einfluss sozialer Stimmungen handeln und in einem Zyklus vom 55 Jahren. Beachtenswert ist, dass das Verhältnis Schusswaffen/ Stichwaffen (Mitte) einen ähnlichen Zyklus aufweist mit einer großen Modulation (Faktor 3). Auch das Verhältnis der Geschlechter zeigt einen Zyklus von 55 Jahren.
Mit freundlicher Erlaubnis von Herrn Cesare Marchetti.

Konstant oder variabel? Sowohl Nefiodow, als auch Händeler gehen davon aus, dass wir am Ende des 5. Kondratieff stehen. Die vorher gehenden Zyklen sollen beinhaltet haben:

Um 1800	um 1850	um 1900	um 1950	um 1990
Dampfmaschine	Eisenbahn	Elektrotechnik	Automobil	Informationstechnik
Textilindustrie	Stahl	Chemie	Petrochemie	

Diese von Nefiodow übernommene Zeitaufstellung zeigt, dass immer Zyklen von 50 Jahren angenommen werden, für den letzten jedoch nur 40 Jahre. Marchetti kommt ohne Berufung auf Kondratieff ebenfalls zu Zeitabständen von 50 Jahren für die technische Verwirklichung von Erfindungen (9). Kondratieff selbst schließlich ist der Überzeugung, dass die von ihm entdeckten langen Wellen jeweils 50 Jahre dauern, wobei er jedoch höchstens 2 1/2 solcher Wellen gefunden hat, eine davon ist die Goldgewinnung. Forscht man aber nach Zyklen in der Goldgewinnung der letzten Jahre, so findet man wesentlich kürzere, als die von Kondratieff angegebenen. Es bleibt daher die Frage offen, ob die Zyklendauer von 50 oder 52 Jahren eine konstante Größe ist oder sie sich nicht im Laufe der Zeit immer mehr verkürzt, gemäß der Erfahrung, dass die technischen Neuerungen in immer kürzerer Zeit erfolgen.
Die Goldförderung machte im 20. Jahrhundert drei Zyklen durch: einen siebenjährigen Abstieg von 1915 bis 1922 mit einer Minderung der Goldförderung um 31,7%, gefolgt von einem 18-jährigen Anstieg von 1922 bis 1940 und einer Steigerung der Goldförderung um 172,3%. Es fällt auf, dass der Anstieg zeitlich zusammen fällt mit der massiven Geldentwertung in Deutschland durch die damalige Inflation. Der zweite Zyklus beginnt mit einem Abstieg von 1940 bis 1945 - somit fünf Jahre - und einer Verminderung der Goldförderung um 41,8%, gefolgt von einem Anstieg ab 1945 bis 1970 - somit 25 Jahre - und einer Steigerung der Goldförderung um 94,2%. Der dritte Zyklus beginnt wieder mit einem Abstieg von 1970 bis 1975 - somit fünf Jahre - mit einer Verminderung der Goldförderung um 18,9%, gefolgt von einem 25-jährigen Anstieg von 1975 bis 2001 und einer Steigerung der Goldförderung um 106,3%: Die Zyklen dauern also: 25, 30, 30 Jahre, wobei der Abstieg in den ersten beiden Fällen jeweils mit dem Ausbruch eines großen Krieges zusammen fällt (WK I und WK II). Legt man die Zyklen der Goldförderung zugrunde, dann hätten wir im 20. Jahrhundert drei Kondratieffs erlebt und würden uns im Bereich des sechsten oder siebten Kondratieff bewegen, wenn man die ersten drei aus dem 18./19. Jahrhundert mit rechnet.

9

In den Jahren zuvor erlebten wir eine große technische Erneuerung durch die Mikrominiaturisierung in den 1960er Jahren und danach. Die BRD setzte damals nicht auf diese neue Technologie, sondern auf Stahl sowie auf Elektromechanik unter Missachtung der Tatsache, dass die Stahltechnologie längst weltweit bekannt war. Stahl kann auch in Billiglohnländern hergestellt werden, auf Grund unseres hohen und ständig steigenden Lohnniveaus waren wir daher auf diesem Gebiet nicht mehr konkurrenzfähig. Die moderne Technologie der Chipherstellung wurde hierzulande vernachlässigt, obwohl Deutschland der größte Siliciumhersteller ist, aber man hat den USA und Japan das Feld überlassen. Die mikroelektronischen Bauteile können zwar von dort preiswert bezogen werden, aber meist erst nach Vorlage der Konstruktionsunterlagen, wodurch der eigene Technologievorsprung geopfert werden muss.
Wo stehen wir heute? Die Welle der Goldförderung steigt, wenn der Kondratieff-Zyklus am tiefsten sinkt und umgekehrt. Aus Abb. 7 geht hervor, dass die Goldförderung ab 2000 absinkt, d. h. dass ein neuer Kondratieff-Zyklus beginnt. Die Kapitalzinsen sinken, die landwirtschaftlichen Preise steigen (2007/2008), das könnte ebenfalls auf den Beginn eines neuen Kondratieff hindeuten, jedoch ist und bleibt Prophetie ein Glatteis.

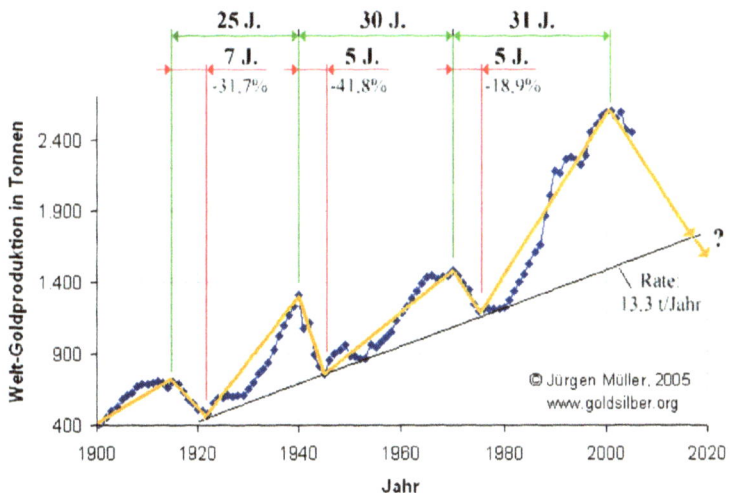

Abb. 7: Die Welt- Goldproduktion in Tonnen von 1900 bis 2005 ergibt drei Zyklen.

Tabelle: Goldförderung ab 1915 bis 2001

1.Zyklus
Abstieg von 1915 bis 1922: 704 auf 481 Tonnen (7 Jahre, -31,7%)
Anstieg von 1922 bis 1940: 481 auf 1310 Tonnen (18 Jahre, +172,3%)

2.Zyklus
Abstieg von 1940 bis 1945: 1310 auf 762 Tonnen (5 Jahre, -41,8%)
Anstieg von 1945 bis 1970: 762 auf 1480 Tonnen (25 Jahre, +94,2%)

3. Zyklus
Abstieg von 1970 bis 1975: 1480 auf 1200 Tonnen (5 Jahre, -18,9%)
Anstieg von 1975 bis 2001: 1200 auf 2600 Tonnen (25 Jahre, +108,3%)

Wir haben oben gesehen, dass der Lohn zunimmt, wenn der Kondratieff-Zyklus absteigt und umgekehrt. Der Grund liegt darin, dass Löhne und Gehälter mit einer Zeitverzögerung auf die Gewinne reagieren. Im Abschwung steigt die Lohnquote - das sind die auf das Volkseinkommen bezogenen Arbeitsentgelte - , weil die Gewinne zwar einbrechen, die Unternehmer aber ihre Beschäftigten halten wollen. Aus Abb. 8 ist auch hier ersichtlich, dass ein neuer Kondratieff beginnt.

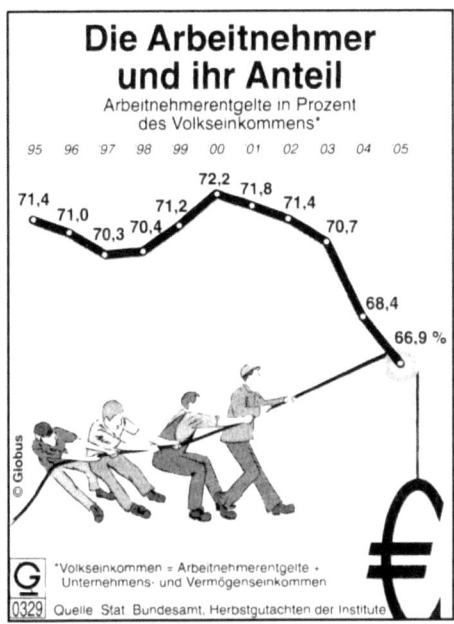

Abb. 8: Die Lohnquote sinkt seit 2000, das deutet auf den Beginn eines neuen Kondratieff.

Gegenwart und Zukunft

Kennzeichen des aufsteigenden Kondratieff sind folgende: aus dem großen Fundus von Erfindungen, die bereits vorhanden sind, kristallisiert sich eine heraus, die zur Erfolgsschiene der kommenden Jahre wird und andere Erfindungen nach sich zieht, so dass die gesamte Volks-, wenn nicht gar Weltwirtschaft davon profitieren kann. Beschäftigungszahlen und Löhne steigen, die Massen können Ersparnisse machen und benutzen einen Teil davon zur Anlage in Aktien, unterstützen solchermaßen die Wirtschaft und ermöglichen ihr einen weiteren Aufschwung, bis eine Sättigung an Wirtschaftsgütern erreicht ist und neue Absatzmärkte nicht mehr gefunden werden können. Die Trägheit des Denkens verhindert ein rechtzeitiges Umschwenken zu neuen Produkten oder Anwendungen. Militärisch mächtige Staaten suchen in dieser Phase ihr Heil im Krieg: auf den Börsenkrach von 1987 folgte der erste Irakkrieg von 1990, auf den Börsenkrach von 2001 der zweite Irakkrieg von 2003. Die Kennzeichen des absteigenden Kondratieff sind: die Produktion sinkt, weil sich die Leute in der Aufstiegsphase mit Gütern eingedeckt haben. Das Auto oder die Maschine können gut und gerne noch ein paar Jahre ihren Dienst tun. Außerdem sind zu viele Firmen auf den rentablen Sektoren vorhanden, ein Teil von ihnen muss vom Markt verschwinden, die Zahl der Insolvenzen steigt. Die Warenpreise sinken, es gibt Rabatte und Einkaufsgutscheine für die Kunden, neue Kunden werden gesucht und nicht gefunden. Die Zentralbanken versuchen, gegen zu steuern durch Zinssenkungen, jedoch ohne Erfolg, wie die Jahre ab 1990 zeigen. Die Massen verlieren das Vertrauen in die Aktienmärkte und verkaufen ihre durch mühsames Sparen erworbenen Wertpapiere, es kommt zu Crashs, wie z. B. 1987 und 2001.

Am Beginn des 21. Jahrhunderts befinden wir uns offenbar in einer auslaufenden Konjunkturwelle, d. h. im absteigenden Ast eines Kondratieff-Zyklus, um den wievielten es sich dabei handelt, darüber soll hier nicht spekuliert werden, aber die Erscheinungen sind eindeutig: die wirtschaftliche Konjunktur läuft schlecht, es gibt viele Arbeitslose, die Politiker reden seit Jahr und Tag über die Schaffung von Arbeitsplätzen, ohne dieses Ziel zu erreichen, Zinssenkungen zwecks Ankurbelung der Wirtschaft bleiben ergebnislos. Firmen, Autohäuser und Versandgeschäfte versprechen Preisnachlässe, jedoch halten sich die Käufer zurück, sie sparen lieber, mit dem Ergebnis, dass die Banken händeringend nach Kreditnehmern suchen müssen: eine große Bausparkasse vergibt Kredite zu 1,95% statt der früher üblichen 5%. Die politischen Maßnahmen, wie z. B. Green-Card-Leute, Ich-AGs, Ein-EURO-Jobs , erwiesen sich als große Enttäuschungen, zumindest für die Betroffenen. Hinter diesen

Zeiterscheinungen steht das Naturgesetz, das durch den Kondratieff-Zyklus seinen Ausdruck findet. Danach folgt auf jeden Abschwung wieder ein Anstieg auf Grund von Erfindungen oder der Neueinführung von bereits gemachten Erfindungen, vielleicht auch Änderungen im gesellschaftlichen Leben, insbesondere im Hinblick auf die Überbevölkerung, die ungleiche Verteilung der Güter und deren Folgen. Welche das sein werden, können wir nicht mit Sicherheit sagen, jedoch sollen hier einige Möglichkeiten aufgezeigt werden. Ein Weiterleben der Menschheit auf unserem Planeten hat die Lösung mehrerer Probleme zur Voraussetzung, die kurz diskutiert werden sollen und die Heinz Werner Preuß folgendermaßen definiert hat: wir müssen versuchen, ein geschlossenes System auf der Erde zu bilden, dadurch gekennzeichnet, dass es nicht mehr Menschen geben darf, als Ressourcen vorhanden sind. Als solche sind zu verstehen: Nahrungsmittel, Rohstoffe für Gebrauchs- und Industriegüter, Energieträger (Erdöl, Erdgas, Kohle, Holz, Biomasse).

Mögliche "Lokomotiven" der nächsten Zeit könnten folgende sein:

Nanotechnologie
Sie wird als eine "Schlüsseltechnologie des 21. Jahrhunderts mit dramatischen Auswirkungen auf unser tägliches Leben" bezeichnet (10). Sie arbeitet mit kleinsten Teilchen im Größenbereich von milliardstel Meter, die Materie zeigt hier besondere, zum Teil neue Eigenschaften. Die Nanotechnologie ist aber keine Weiterführung der Mikrotechnik, die so eine große Rolle gespielt hat durch die Erfindung von z..B. Transistoren und der Mikrochirurgie, sondern ermöglicht völlig neue Technologien, sie beinhaltet dimensionsabhängige, neuartige Eigenschaften der Materie und wird in zwei große Bereiche aufgeteilt (11):
"1. In Materialien (Metalle, Halbleiter, Nichtleiter), die auf Grund ihrer Kleinheit spezifische magnetische, mechanische, elektrische, elektronische, optische, thermodynamische oder thermische Eigenschaften aufweisen; in funktionalisierte Moleküle, die z. B. die Fähigkeit zur Selbstorganisation oder zur Erkennung besitzen und schließlich in Oberflächen mit spezifischen Eigenschaften zur Wechselwirkung mit der Umgebung.
2. In biologisch-medizinisch relevante Moleküle und Systeme, die unter dem Begriff Nanobiotechnologie erfasst werden. Hier werden supramolekulare, subzelluläre, zelluläre und interzelluläre Systeme behandelt, die mit modernen nanoskopischen Methoden untersucht werden und häufig Anlass für "bioinspired engineering design" sind, d. h. zur Übertragung biologischer Vorbilder auf neue Technologiefelder hin untersucht werden."

Der Markt für Nanotechnologieprodukte wächst zweistellig und wird im Jahr 2010 mehrere hundert Milliarden US$ betragen (12), einige Anwendungsgebiete sollen hier skizziert werden.
Anwendung in der Medizin (13). Magnetische Nanopartikel werden in Hirntumoren eingebracht und durch ein Magnetfeld zur Wärmeabgabe angeregt, wodurch die Tumorzellen für Bestrahlung empfindlich werden, d.h. man kommt mit einer geringeren Strahlendosis aus, bei Temperaturen >50°C sterben die Tumorzellen ohne Bestrahlung ab. Lungenerkrankungen können mit Aerosolen behandelt werden.
Nanoröhren (14). Kohlenstoff-Nanoröhren haben eine 20-mal höhere mechanische Zugfestigkeit und eine 5-mal höhere Steifigkeit als Stahl. Sie können halbleitend oder metallisch hergestellt werden. Erstere zeichnen sich durch geringen Energieverbrauch aus und erlauben eine größere Prozessorgeschwindigkeit als die herkömmlichen Halbleiter. Amerikanische Marktforscher sagen für 2020 ein Umsatzvolumen von mehr als 9 Milliarden US$ voraus, vor allem mit Anwendungen in der Elektronik, die auf 4,53 Mrd. US$ steigen sollen, besonders für die Herstellung von Flachbildschirmen. Die Anwendung von Nanoröhrchen bei Schmierstoffen soll 2020 einen Umsatz von 1,130 Mrd. US$ erreichen.
Beschichtungen (15). Wässrige Beschichtungssysteme aus Polymerdispersionen haben Durchmesser von 100 bis 300 Mikrometer, sind also im "Nanobereich". Der Weltmarkt für wässrige Polymerdispersionen beträgt etwa 10 Millionen Jahrestonnen (jato) mit steigender Tendenz. Durch Emulsionspolymerisation von Acrylaten in Gegenwart von nanoskaligen Silicateilchen von 20 Mikrometer Durchmesser erhält man Nanokompositteilchen, die sowohl Silica, als auch Acrylatpolymer enthalten mit einem Gehalt von 40 Gewichtsprozent Feststoffanteilen, die Teilchengröße ist 50 bis 100 Mikrometer. Die beiden Komponenten sind fest mit einander verbunden, ein aus der Dispersion gebildeter Film ist hart und bruchfest, er bildet sich noch bei Temperaturen nahe dem Gefrierpunkt. Die Filme sind transparent und eignen sich daher als Klarlacke, sie haben eine gute Wärmestandsfestigkeit bis 150°C, während übliche Polymerfilme oberhalb 20 bis 30°C weich und klebrig werden. Die Nanokompositfilme zeigen deshalb als Außenanstriche eine geringe Schmutzannahme, auch bei starker Sonneneinwirkung. Das Quellvermögen durch Wasser ist gering, die Wasserdampfdurchlässigkeit dagegen hoch. Folien aus dem Nanokompositmaterial quellen wenig in Wasser, haben aber eine hohe Wasserdampfdurchlässigkeit, d. h. sie sind wasserdicht und atmungsaktiv, eignen sich also für Textilien und Lacke, aber auch für Farben und Putze. Im Gegensatz zu üblichen Polymerfilmen, die beim Brennen schmelzen und abtropfen, bildet sich beim brennenden Nanokompositfilm ein rußdurchsetzter Körper, wodurch eine schnelle Ausbreitung des Brandes verhindert wird. In Japan gibt es bereits ein Handelsprodukt auf dieser Basis. Weitere Anwendungen sieht man in der Bauchemie, der Textil- und Papierausrüstung sowie als Barrierebeschichtung in der Drucktechnik, wo die Bedruckbarkeit von Papier wesentlich verbessert wird.

<u>Rückgewinnung (Recycling) von Rohstoffen</u>
Angesichts der Tatsache, dass eine Reihe industriell wichtiger Rohstoffe nur noch geringe zeitliche Reichweiten hat, werden Verfahren zur Rückgewinnung aus Abfällen wachsende Bedeutung erlangen.

Tabelle: Reichweiten einiger Rohstoffe in Jahren (16) und Preisentwicklung in 12 Monaten (III/2005 bis III/2006 in Prozent),(16a)

Nickel	45 Jahre	12,96 %
Kupfer	32	92,93
Zinn	29	-
Zink	26	134,77
Gold	16	44,24
Antimon	14	-
Silber	12	93,8

Es fällt auf, dass die berechneten Reichweiten der meisten Rohstoffe gegenüber früheren Angaben zugenommen haben, jedoch in denselben Größenordnungen geblieben sind.

<u>Energie - ein Schlüsselwort des 21. Jahrhunderts</u>
In Wirtschaftskreisen rechnet man für die kommenden 25 Jahre weltweit mit riesigen Investitionen im Energiemarkt. Bis 2030 wird ein Investitionsvolumen von 16 bis 17 Billionen US$ erwartet, vor allem in Kraftwerke und Netze, aber auch in die Erschließung von neuen Erdöl- und Erdgasfeldern sowie in die Verarbeitung von Öl und Gas (Abb. 9).

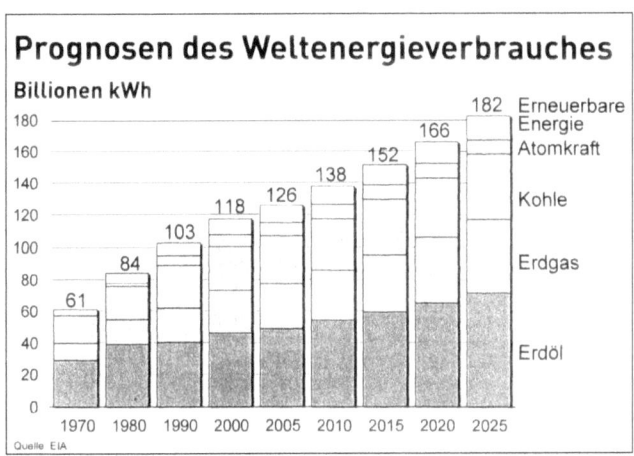

Abb. 9: Prognosen des Weltenergieverbrauchs (Chem. Rundschau 17, 2005, S.29).

<u>Erschließung neuer Energiequellen</u>
Die Reichweiten der bis heute wichtigsten Energieträger in Jahren sind (16):

Braunkohle	197
Steinkohle	178
Erdgas	67
Uran	50
Erdöl	45

Auffallend ist, dass die Reichweite für Erdöl seit Jahrzehnten mit etwa derselben Zahl an Jahren angegeben wird (17). Nach einer Studie des US-Mineralölmultis EXXON aus dem Jahre 2006 wird rund um den Erdball immer mehr Erdöl und Erdgas gefunden, wodurch die weltweiten Reserven stärker wachsen als der Verbrauch. Im Jahr 2005 sind die förderbaren Erdölreserven um 2 Mrd. t auf insgesamt 175,4 Mrd. t gestiegen. Der Zuwachs ist damit 45 mal so groß wie der Anstieg des Ölverbrauchs, der sich 2005 auf 3838 Mio t belief, die Förderung betrug 3920 Mio t. Verbesserte Technologien werden die Fördermengen in den nächsten Jahren noch wesentlich erhöhen. Vor der brasilianischen Atlantikküste hat man 2007 ein riesiges Erdölvorkommen entdeckt, wodurch die brasilianischen Erdölvorkommen stark ansteigen und das Land in der Liste der Länder mit den größten

Erdölvorkommen von Platz 24 auf Platz 12 vorrücken lässt. Die Ausbeutung wird in fünf bis sechs Jahren beginnen können, jedoch wird die Förderung schwierig, weil das Ölfeld unter Meerwasser, Erde und einer mächtigen Salzschicht in 7000 Meter Tiefe liegt.

Die derzeitigen Bestrebungen gehen dahin, die fossilen Energieträger weitgehend zu ersetzen durch Energie aus Wasser und Wind sowie durch erneuerbare Energie, das sind Energieträger, bei deren Verbrauch nicht mehr CO_2 entsteht, als durch die Synthese gebunden wird. Dies im Hinblick auf die Tatsache, dass CO_2 als Treibhausgas wirkt. Eine Verringerung des Brennstoffbedarfs und somit des CO_2-Ausstoßes erreicht man auch durch die geplante Dämmung der Bauwerke.

Die größten Erdölverbraucher sind:

Land	Verbrauch in Mio t, 2005
USA	950
China	325
Japan	243
Russland	127
Deutschland	121 (2004: 124)

Die größten Erdölproduzenten sind:

Land	Fördermenge in Mio t, 2005
Saudi-Arabien	532
Russland	472
USA	315
Iran	200

Erdöl- und Erdgasreserven:

Land	Erdölreserven, Mrd. t
Saudi-Arabien	36
Kanada	24
Iran	18
Irak	15

Die Erdgasreserven sind 2005 um zwei Billionen Kubikmeter auf fast 173 Billionen Kubikmeter gestiegen, der weltweite Verbrauch betrug nahezu 2,9 Milliarden Kubikmeter.

Trotzdem ist angesichts steigenden Energieverbrauchs, insbesondere durch die wachsende Weltbevölkerung, die Nutzbarmachung neuer Energiequellen sowie das Suchen nach Methoden zur besseren Energieausnutzung und Wärmerückgewinnung erforderlich. Ein großer Schritt nach vorn wäre die technische Verwirklichung der Kernfusion nach der Energie-Masse-Äquivalenz-Gleichung von Albert Einstein:

$$E = m \cdot c^2$$

E = Energie; m = Masse; c = Lichtgeschwindigkeit

Die technische Durchführung scheitert bis jetzt noch daran, dass es nicht gelingt, die erforderliche hohe Temperatur von einigen Million Grad aufrecht zu erhalten, auch sind Materialprobleme zu bewältigen.

Erneuerbare oder alternative Energien

Die Nutzung alternativer Energien machte im Jahre 2005 6,5% der gesamten in Deutschland verbrauchten Energie aus, das entspricht 15% der elektrischen Energie. In Frage kommen: Photovoltaik und Sonnenkollektoren - in weniger als einer Stunde strahlt die Sonne $4,3 \cdot 10^{20}$ Joule auf die Erdoberfläche ein, das ist mehr als der jährliche weltweite Energieverbrauch von $4,1 \cdot 10^{20}$ Joule -, Geothermie, Windenergie, Wasserkraft, Gezeitenkraft, Meeresströmungskraftwerke, z. B. am Ärmelkanal, Energiegewinnung aus Biomasse. Deutschland ist weltweit führend auf dem Gebiet der Erforschung und Nutzbarmachung erneuerbarer Energien, im Jahre 2006 wurden 170 000 Arbeitskräfte auf diesem Sektor beschäftigt, bis 2020 sollen es 300 000 sein. Für die Bereitstellung der Grundlast bleiben aber die fossilen Brennstoffe, also Kohle, Erdöl und Erdgas unentbehrlich, weiterhin die Kernkraft. Ein wichtiger Punkt ist die Energieeinsparung nach dem energetischen Imperativ von Wilhelm Ostwald (1852-1932): "Vergeude keine Energie, verwerte und veredle sie!"

Als Energiereserven werden genannt (18):

Schwerstöle mit Vorkommen in 21 Ländern, vor allem in GUS, Kanada, Madagaskar und Venezuela im Orinoco-Gürtel mit einer Reserve von 7,5 bis 10 Milliarden Tonnen und einer Förderausbeute von derzeit nur 10-12%, eine Steigerung auf 40% erhofft man durch Anwendung eines Heißdampfverfahrens. Das geförderte Schwerstöl kann nicht als solches eingesetzt werden, sondern muss veredelt werden, wobei man entweder

Leichtöl bekommt, das als Chemierohstoff dient oder ein Schwerstöl-Wasser-Gemisch, das in Kraftwerken eingesetzt werden kann.

Bitumen aus Ölsanden. Ölsande sind Mischungen aus Bitumen, Wasser, Sand und Tonmineralien, die in über 70 Ländern der Erde vorkommen, hauptsächlich aber in der kanadischen Provinz Alberta, wo etwa 20% im Tagebau gewonnen werden können, der Rest wird durch Heißdampf in Freiheit gesetzt mit einer Ausbeute von zur Zeit 15-20%, man hofft, die Ausbeute auf bis zu 60% steigern zu können. Trotz der Probleme, die mit der Erzeugung des erforderlichen Wasserdampfs zusammen hängen, hofft man, die Produktion bis 2016 auf etwa 200 Millionen Tonnen bringen zu können.

Gashydrate. Es handelt sich um Käfigstrukturen von Gas - meistens bakteriell gebildetes Methan - in Eis. Die Entstehung erfolgt unter bestimmten Bedingungen von Druck, Temperatur, Gas- und Wasserkonzentration. Man unterscheidet marine und kontinentale Gashydrate. Erstere befinden sich unterhalb 300 Meter Wassertiefe, ihre Ausbeutung dürfte sich als schwierig gestalten, außerdem sind sie gering konzentriert. Letztere kommen in den Permafrostgebieten Sibiriens vor, sie enthalten bis zu 80% Gas, ihre Förderung erscheint erfolgversprechend.

Bessere Energieausnutzung
Mit dem Beginn des Industriezeitalters Ende des 18. Jahrhunderts erkannte man die Bedeutung der Energie, die zunächst als mechanische oder thermische Energie diente. Der Franzose Sadi Carnot berechnete 1824 den maximalen Wirkungsgrad einer Wärmekraftmaschine mit Hilfe des nach ihm benannten Kreisprozesses. Er kam zu dem Ergebnis, dass der Wirkungsgrad abhängt von der Differenz zwischen der Dampftemperatur vor dem Kolben der Dampfmaschine (heute der Turbine), T2, und danach, T1, dividiert durch T2, wobei die Temperaturen in Kelvin angegeben werden:

$$\eta = (T2-T1)/T2 \cdot 100, \% \qquad <1>$$

Der Wirkungsgrad ist die Ausnutzung der im Heizmaterial steckenden chemischen Energie, sie wird durch das Verbrennen in der Wärmekraftmaschine in thermische Energie, also Wärme verwandelt, diese wiederum durch die Kolbenbewegung der Maschine in mechanische Energie zum Antreiben von Arbeitsmaschinen oder zur Bewegung von Zugmaschinen bzw. Schiffen. Später kam die Stromerzeugung durch Turbinen und Generatoren dazu. Die Wärme ist nur zum Teil in andere Energiearten verwandelbar, der Rest bleibt Wärme. Den Wirkungsgrad der Energieumwandlung kann man nach Gleichung <1> berechnen: er ist um so größer, je größer die Differenz zwischen T2 und T1, und je kleiner T2 ist, wobei letzteres den Hauptausschlag gibt. Man bezeichnet diese Aussage als den 2. Hauptsatz der Wärmelehre (Thermodynamik).

Brennstoffzellen. Der spätere Nobelpreisträger Wilhelm Ostwald schrieb 1905 an einen Freund: "Ich habe fünf Jahre über den zweiten Hauptsatz nachgedacht und ich glaube, ihn jetzt verstanden zu haben" Als Ergebnis dieses Verständnisses konzipierte er das Brennstoffelement, in dem der Brennstoff bei möglichst niederer Temperatur T2 verbrannt wird, wobei insbesondere Brenngase (H2, CH4) oder Methanol CH3OH infrage kommen. Neuerdings gibt es auch die Hochtemperatur-Brennstoffzelle, bei der zwar die rein thermodynamische Gesichtspunkt weg fällt, aber die direkte Verwandlung von chemischer in elektrische Energie bringt auch hier Vorteile. Man kennt zwei Typen: Carbonatschmelzen-Brennstoffzelle (MCFC, T= 620...660°C) und die Oxidkeramische Brennstoffzelle (SOFC, T=800...1000°C. Beabsichtigte Einsatzgebiete sind: Blockheizkraftwerke (BHKW) und Kraftwerke (19).

Kraft-Wärme-Kopplung (KWK). Bei der KWK wird über eine Turbine und einen Generator Strom erzeugt und gleichzeitig an der Turbine Niederdruckdampf für Heizzwecke abgezweigt, wodurch der Wirkungsgrad wesentlich erhöht wird, man hofft, auf 63% zu kommen.

Wellenkraftwerke. Sie nutzen die Bewegungen in den Meereswellen aus, sie müssen sowohl bei ruhiger, als auch bei stürmischer See arbeiten können. Die Bewegungsenergie der Wellen wird auf eine Hydraulikflüssigkeit übertragen, die eine Turbine mit gekoppeltem Generator antreibt und somit Strom erzeugt. Die Generatoreinheiten sind über Scharniere mit einander verbunden zu einer Länge von 120 Meter. Die Anlage ist über Trossen am Meeresboden verankert, sie selbst schwimmt auf der Wasseroberfläche, bei hohem Wellengang taucht sie unter, bleibt aber unbeschädigt und arbeitet weiter. Man schätzt, dass Wellenkraftwerke 15% des weltweiten Strombedarfs decken könnten, geeignete Küstengebiete gibt es in Großbritannien, Spanien, Portugal, Irland und Norwegen. Die schottische Firma Ocean Power Delivery hat einen Prototyp von 750 kWh Leistung gebaut, der seit Sommer 2004 vor den Orkney-Inseln in Betrieb ist (Abb.10).

Abb. 10: Schema eines Floßes, das Wellenenergie in elektrischen Strom umsetzt.

Einen anderen Typus von Wellenkraftwerk betreibt die schottische Voith-Tochter Wavegen seit dem Jahr 2000 auf der zwischen Schottland und Irland gelegenen Insel Islay. Das Prinzip ist folgendes: an einer Steilküste baut man einen Trichter übers Wasser. Die ankommenden Wellen verdichten darin die Luft, die durch ein enges Rohr entweicht und dabei eine Turbine antreibt. Das Besondere an dieser Turbine, die nach ihrem Erfinder Allan Wells benannt ist, besteht darin, dass sowohl die ausströmende, als auch die einströmende Luft die Turbine beschleunigt. Die Turbine ihrerseits betreibt dann einen Generator. Die so erzeugte Kilowattstunde kostet zur Zeit noch 30 Cent, man hofft, auf 10 Cent herunter zu kommen, denn der Strom aus Wellenkraftwerken darf nicht teurer sein als der aus anderen regenerativen Quellen erzeugte Strom, sonst sind die Maschinen nicht zu verkaufen. Achtzig Prozent der Kosten eines Wellenkraftwerks sind Baukosten, man denkt daher an den Einbau in geplante Befestigungsanlagen für Seehäfen. Das Energiepotenzial der Weltmeere wird auf 1,8 Terawatt (=1,8 Milliarden Kilowatt) geschätzt, das entspricht rein rechnerisch etwa der Leistung von 1800 Atomkraftwerken. Der Vorteil der Wellenkraftwerke gegenüber Windrädern oder Sonnenkraftwerken liegt darin, dass sie rund um die Uhr Strom erzeugen können.

Gezeitenkraftwerke gibt es in Frankreich, China, Kanada, England, Südkorea, Russland und Norwegen. Die Bewegungsenergie des Meerwassers bei Ebbe und Flut wird in elektrische Energie verwandelt. Voraussetzung ist ein Tidenhub von mindestens 5 Meter sowie das Vorhandensein einer tiefen Meeresbucht oder Flussmündung. Die Meeresbucht wird mit einem Damm vom offenen Meer abgetrennt, im Damm sind Turbinen und Generatoren für die Stromerzeugung eingebaut, der Betrieb erfolgt also von beiden Seiten her, was bei der Auswahl der Maschinen berücksichtigt werden muss. Das Gezeitenkraftwerk von St. Malo in Frankreich kann eine Stadt mit 330 000 Einwohnern das ganze Jahr über mit Strom versorgen (20). Die Zahl der möglichen Standorte ist wegen des hohen nötigen Tidenhubs beschränkt auf gewisse Buchten und Flussmündungen. Eine neue Bauart, das Unterwassergezeitenkraftwerk, ist für die nahe Zukunft einen Kilometer vor der Westküste Englands in einer Wassertiefe von 50 m geplant. Die Turbinen liegen auf dem Meeresboden, sie sind 15 m lang und verengen sich zur Mitte hin, um den Wasserstrom zu beschleunigen. Die Drehgeschwindigkeit beträgt nur 21 U/min, der Wassersog ist also gering und verursacht voraussichtlich keine Schäden an der Natur des Meeresbodens.

Bioenergie
Durch Fermentation von Stallmist, Gülle, gehäckseltem pflanzlichem Material, Weizen, Mais, gewinnt man ein Gasgemisch aus Methan und Kohlendioxid, das als Brenngas sowie zum Antrieb von Turbinen und damit zur Stromerzeugung dient. Bei der Herstellung neuerer Sorten von Biotreibstoffen ("Sundiesel", "Synfuel") können außer den vorgenannten Rohstoffen auch Abfälle wie Holzschnitzel, Rübentrester, ja selbst Tiermehl oder getrockneter Klärschlamm eingesetzt werden. In Baden-Württemberg werden etwa vier Prozent der Energie aus biologischem Material gewonnen, weitere drei Prozent aus anderen erneuerbaren Energiequellen. Biogas hat etwa die folgende Zusammensetzung, die je nach mengenmäßiger Art der Ausgangsstoffe variieren kann:

Methan	40-75%
Kohlendioxid	25-55%
Wasserdampf	0-10%
Stickstoff	0-5%
Sauerstoff	0-2%
Wasserstoff	0-1%
Ammoniak	0-1%
Schwefelwasserstoff	0 1%

Physikalische Eigenschaften:

Brennwert	4 - 7,5 kWh/m³
(je nach Methangehalt)	
Dichte	1,2 kg/m³
Zündtemperatur	700 °C
Zündkonzentration	6-12% Gas

Geruch: faule Eier, entschwefeltes Biogas ist kaum wahrnehmbar.

Blockheizkraftwerke erzeugen abwechselnd Wärme oder Strom und haben einen guten Wirkungsgrad.

Wirtschaftlicher Ausblick auf die erneuerbaren Energien.
Das Geschäft mit den erneuerbaren Energien läuft sehr gut. Der Branchenumsatz ist 2005 auf 16 Mrd. EURO gestiegen und man rechnet mit einem weiteren Anstieg angesichts des wachsenden Energiehungers der Weltbevölkerung. In Deutschland macht der Anteil der Erneuerbaren am Gesamtenergieverbrauch bereits 6,5 Prozent aus und ist damit größer als der Anteil der Kernenergie mit 5,7 Prozent. Die Branche ist hoffnungsvoll: bis zum Jahr 2020 glaubt sie, 20 Prozent schaffen zu können. Insofern rüstet sie kräftig auf: im Jahr 2005 investierte sie 8,7 Mrd. EURO in Energiegewinnung aus Wind, Wasser, Sonne und Biomasse, das ist doppelt so viel wie in die konventionelle Stromerzeugung. Die Zukunftsplanung sieht so aus: 21 Mrd. EURO bis 2012 und 200 Mrd. EURO bis 2020. Vor allem die Nutzung der Windenergie durch Windräder genießt Priorität, sie setzt bereits 3 Mrd. EURO um, die Exporte eingeschlossen. Noch arbeitet die Branche mit staatlichen Zuschüssen: sie bekommt nach dem "Erneuerbare-Energie-Gesetz" für die Kilowattstunde 47 Cent bezahlt, während an der Leipziger Strombörse die kWh zu Preisen von etwa 3 bis 5,2 Cent gehandelt wird, aber bis zum Jahr 2015 soll "Wettbewerbsfähigkeit" erlangt werden. Die Branche beschäftigte 2006 170 000 Arbeitskräfte, bis zum Jahr 2020 soll sich ihre Zahl verdoppeln. Anstatt der seither üblichen Windräder werden solche von 100 Meter Höhe gebaut, die ein Mehrfaches an Energie liefern, ihre Standorte werden nicht mehr in den Küstenregionen sein, sondern im Meer außerhalb der Sichtweite (off shore).

Tabelle: Sonnenkollektoren in Deutschland.
1999:   265 000
2000:   350 000
2001:   471 000
2002:   540 000
2003:   623 000
2004:   700 000
2005:   800 000
2020:   ca. 10 Millionen (Prognose)
Die zeitliche Zunahme verläuft bis jetzt linear mit einer Steigerung von 89 166 pro Jahr, das ergibt für 2020:
800 000 + 15·(89 166) = 80 000 + 1.337 490 = 2.137 490. Die Prognose für das Jahr 2020 geht also davon aus, dass der weitere Anstieg nicht mit der seitherigen Steigung erfolgen wird, sondern steiler.

Abb. 11: Sonnenkollektoren in Deutschland 1999 bis 2005. Quelle: Bietigheimer Zeitung 23.9.2006, S.41

.

Der Kernkraft wird dagegen keine große Zukunft zugeschrieben. Die weltweit 440 Kernkraftwerke liefern so viel Strom wie die auf der Erde laufenden Wasserkraftturbinen, sie decken nur 2,3 Prozent des Weltenergiebedarfs. Würde man 1000 Kernkraftwerke bauen, so könnten diese angesichts der starken Zunahme des Energiebedarfs bis zum Jahr 2050 nur 10 Prozent der aus fossilen Energieträgern erhältlichen Energie decken, aber die zu erschwinglichen Kosten gewinnbaren Uranvorräte wären schon vorher erschöpft. Dagegen wird man die aus Kernenergie gewonnene Elektrizität zu schätzen wissen für die Methanolsynthese (siehe unten).

Trotz der Bemühungen um alternative Energien erlebt die Kohle eine Renaissance, weil die Länder mit den größten wirtschaftlichen Wachstumsraten als Energieträger nur Kohle besitzen, aber kein Öl oder Gas, dies trifft besonders auf China zu. Für diese Länder ist auch die Kohleverflüssigung zur Herstellung von Treibstoffen wichtig (21).

Ethanol und Methanol als Kraftstoffe (21 a)

Ethanol (EtOH)

Ethanol wurde bereits Ende des 19.Jahrhunderts teilweise als Kraftstoff für Verbrennungsmotoren verwendet, zum Teil in Mischung mit Kohlenwasserstoffen (Benzin oder Diesel). Brasilien startete 1975 sein nationales Alkohol-Programm zur Herstellung von EtOH aus Rohrzucker und Rückständen der Zuckerherstellung. Gegen Ende des 20. Jahrhunderts erreichte diese Produktion rund 15 Millionen Kubikmeter pro Jahr, womit Millionen Kraftfahrzeuge betrieben werden können. Wegen hoher Herstellungskosten sowie der Entdeckung großer Erdölreserven vor der brasilianischen Küste fiel der Anteil der Kraftfahrzeug-Neuzulassungen mit EtOH-Motoren von 96% im Jahr 1985 auf 0.07% im Jahr 1997. Steigende Ölpreise und die Einführung von Verbrennungsmotoren, die mit jeglicher prozentualen Mischung aus EtOH und Benzin betrieben werden können, haben das Interesse an EtOH als Kraftstoff wieder aufkommen lassen. In hoch entwickelten Ländern ohne billige Rohstoffe, wie z. B. Rohrzucker, ist das Interesse an EtOH als Kraftstoff gering. Dagegen besteht steigender EtOH- Bedarf als Ersatz für den Treibstoffzusatz MTBE (Methyl-tert-Butyl-Ether) zwecks Erhöhung der Oktanzahl. In Deutschland werden derzeit auf 1,6 Mio. Hektar Bioenergie und nachwachsende Rohstoffe angebaut, das entspricht 13 Prozent der Ackerfläche, womit Deutschland europaweit führend ist; diese Fläche könnte sich in den nächsten Jahren verdoppeln.

Im Hinblick auf die in der EU ab 2009 beabsichtigte Einführung des Kraftstoffs E 10 mit 10 Volumenprozent EtOH in Nachfolge des jetzigen E 5 mit 5 Volumenprozent EtOH plant Brasilien den Bau von 70 Werken zur Herstellung von Gärungs-EtOH aus pflanzlichen Materialien, insbesondere von Restprodukten der Rohrzuckerherstellung, aber auch aus Getreide und Mais, was deren Preis jetzt schon in die Höhe getrieben hat. Der erweiterte Getreideanbau zwecks Ethanolherstellung hat weitere Nachteile: jedes Kilogramm Getreide, das als Energielieferant verwendet wird, steht nicht mehr für die menschliche Ernährung zur Verfügung, in tropischen Anbauländern eine Feldbewässerung notwendig, wodurch die in jenen Ländern herrschende Wasserknappheit weiter vergrößert wird (21 b). In Deutschland ist es so, dass nach dem Stand von 2008 etwa 3,1 Millionen Autos, insbesondere solche älterer Bauart den hohen Ethanolanteil materialmäßig nicht vertragen, weshalb die Einführung von E 10 bis zum Jahr 2012 verschoben wird, in der Hoffnung, dass bis dahin die alten Autos aus dem Verkehr gezogen sein werden.

Man muss allerdings berücksichtigen, dass EtOH sehr leicht Wasser aufnimmt, z. B. auch aus der Luftfeuchtigkeit, und dann nicht mehr mit Benzin mischbar ist. Diesen Nachteil hat MeOH nicht, außerdem ist es sehr preiswert, es kostet am Weltmarkt ohne Subvention 25 Cent pro Liter.

Methanol (MeOH)

MeOH ist ein hervorragender Brenn- und Treibstoff mit einer Oktanzahl von 100. Es kann in Verbrennungsmotoren bei geringen Änderungen verwendet werden, es kann aber auch zur Stromerzeugung in Brennstoffzellen dienen. In diesem Fall wird MeOH zuerst katalytisch zu H_2 und CO reformiert. Nach Abtrennung des H_2 vom CO wird H_2 der Brennstoffzelle zugeführt. MeOH kann auch in der Direkten Methanol Brennstoffzelle mit Luft reagieren, eine vorherige Reformierung erübrigt sich in diesem Fall. MeOH ist Ausgangsprodukt für die Herstellung von verschiedenen organischen Chemikalien, es ersetzt auch natürliche Kohlenwasserstoffe.

Ausgangsprodukte für die Herstellung von MeOH sind:

CO_2 aus industriellen Verbrennungsgasen, eventuell auch aus Luft, das Verfahren kann somit zur Verringerung des Treibhauseffekts dienen;

H_2 : 1) aus Synthesegas (H_2, CO, CO_2), das wiederum aus fossilen Brennstoffen gewonnen wird.

$$CO + 2 H_2 = CH_3OH; \Delta H_{298\,K} = -21,7 \text{ kcal·mol}^{-1} \quad (1)$$
$$CO_2 + 3 H_2 = CH_3OH + H_2O; \Delta H_{298\,K} = -9,8 \text{ kcal·mol}^{-1} \quad (2)$$
$$CO_2 + H_2 = CO + H_2O; \Delta H_{298K} = 11,9 \text{ kcal·mol}^{-1} \quad (3)$$

Gesamtreaktion:
$$CO + 2 CO_2 + 6 H_2 = 2 CH_3OH + CO + 2 H_2O$$

Die Reaktionen (1) und (2) sind wärmeliefernd (exotherm), Reaktion (3) ist wärmeverbrauchend (endotherm).

2) Durch thermische Zersetzung von CH_4 unter gleichzeitiger Bildung von Kohlenstoff.

Thermische Methanspaltung:	$CH_4 = C + 2 H_2$; >800°C, Luftausschluss
Methanolsynthese:	$CO_2 + 3 H_2 = CH_3OH + H_2O$
Summenreaktion:	$3 CH_4 + 2 CO_2 = 2 CH_3OH + 2 H_2O + 3 C$

3) Durch Wasserelektrolyse, sofern man sich jetzt schon von dem fossilen Brennstoff Methan unabhängig machen will.

Methanol wird heute schon als Treibstoff in Kraftfahrzeugen eingesetzt, z. B. im necar 5 von Daimler, andererseits auch Dimethylether (DME), der seinerseits aus Methanol gewonnen wird:

$$2 CH_3OH = CH_3OCH_3 + H_2O \quad \text{(Volvo)}.$$

Methanol als Brennstoff in Brennstoffzellen liefert Strom durch folgende Elektrodenreaktionen:

Anode:	$CH_3OH + H_2O = CO_2 + 6 H^+ + 6 e^-$
Kathode:	$1,5 O_2 + 6 H^+ + 6 e^- = 3 H_2O$
Summenreaktion:	$CH_3OH + 1,5 O_2 = CO_2 + 2 H_2O$

Wasserstoff wird in umwelttechnischer Hinsicht als idealer Kraftstoff betrachtet, weil bei seiner Verbrennung kein CO_2 entsteht, sondern "nur" Wasserdampf, dabei wird aber die Tatsache missachtet, dass auch dieser ein Treibhausgas ist. Weitere Nachteile sind: die Wasserstoffherstellung durch Elektrolyse ist relativ teuer und die Lagerung kann schwierig sein.

Hybridantrieb für Kraftfahrzeuge
Das Hybridauto nutzt bei den Bremsvorgängen die Leistung des Verbrennungsmotors zur Aufladung einer elektrischen Batterie, die ihrerseits wieder dem Fahrzeugantrieb dient, man erreicht somit eine Verringerung des Treibstoffverbrauchs. Man unterscheidet zwischen: mild hybrid und Voll-Hybrid. Bei ersterem unterstützt der Elektromotor den Verbrennungsmotor, bei letzterem übernimmt der Elektromotor beim Anfahren oder auf Knopfdruck den alleinigen, in diesem Fall lautlosen Antrieb. Sehr bekannt geworden als Hybridauto ist die Marke "Prius" von Toyota.

<u>Energiesparhäuser</u>
Energiesparhäuser haben eine wirksame Wärmedämmung, der Heizungsstrom kommt aus hauseigenen Solaranlagen und für den Winter ist ein Blockheizkraftwerk vorhanden. Die Lüftungsanlagen arbeiten mit Wärmetauschern.
Dämmstoffe
Das wichtigste am Energiesparhaus ist die richtige Dämmung. Neben dem altbekannten Styropor gibt es inzwischen neue Dämmstoffe, wie z. B. das Neopor, das fein verteilte Graphitteilchen in dem Polystyrolschaumstoff enthält, sie reflektieren die Infrarotstrahlung und setzen die Wärmeleitfähigkeit des Materials herab. Im Vergleich zu Styropor erreicht man dieselbe Dämmleistung mit Neoporplatten, die 20% dünner und 50% leichter sind. Extrudiertes Styropor (XPS) hat geschlossene Luftblasen, es nimmt daher fast kein Wasser auf. Die beste Dämmwirkung haben Polyurethanhartschäume mit feinen, geschlossenen Luftporen. Die Fenster sind Schwachstellen der Dämmung, man tendiert daher zu dreifach verglasten Fenstern mit einem Füllgas aus Argon oder Krypton. Deren Atome bewegen sich langsamer als die Luftmoleküle und leiten deshalb die Wärme schlechter. Derartige Fenster halten fünfmal so viel Wärme zurück wie einfach verglaste Fenster.
Latentwärmespeicher werden verwendet in Wandputzen, Anstrichfarben und Gipskartonplatten. Sie bestehen aus mikroskopisch kleinen Kunststoffkügelchen, die in ihrem Innern Wachs vom Schmelzpunkt 26°C enthalten. Übersteigt die Tagestemperatur diesen Wert, dann schmilzt das Wachs unter Aufnahme von Wärme, die des Nachts bei Temperaturabfall als Erstarrungstemperatur wieder an die Umgebung abgegeben wird.
Vakuumisolationsdämmplatten enthalten gepresstes, poröses Kieselsäurepulver, umgeben von einer gas- und wasserdampfdichten Folie, die unter Vakuum gesetzt ist. Der Preis ist hoch, jedoch ist die Dämmleistung zehn mal höher als bei Styropor.
Nanoschäume. Es handelt sich um Kunststoffe mit Nanometer großen Poren, die kleiner sind als die freie Weglänge der Luftmoleküle, die folglich nicht auf einander stoßen und Wärme übertragen können. Der Preis ist leider hoch.
Andere Dämmstoffe. Natürliche Materialien organischer und anorganischer Natur können ebenfalls als Dämmstoffe dienen, z. B. Schafwolle oder Holzfaserdämmstoffe, ferner Mineralfaserdämmstoffe, wobei mitunter gesundheitliche Aspekte berücksichtigt werden müssen.
<u>Life Science</u>
Sowohl L.A. Nefiodow (21), als auch E. Händeler (22) betrachten die life science als Gegenstand eines neuen Konjunkturaufschwungs, eines neuen Kondratieff. Man versteht darunter so ziemlich alles, was der Gesunderhaltung und dem Wohlbefinden des Menschen dient, wobei Händeler den Begriff noch um Ethik,

positives Sozialverhalten, Nächstenliebe und Religion erweitert. Man muss allerdings fragen, woher das Geld für noch mehr Freizeit, Urlaub, Reisen, Feste und jede Art von Vergnügen kommen soll oder kann, zumal es Stimmen gibt, wonach die Arbeit im seither üblichen Sinn abgeschafft werden wird - bei voller Beibehaltung des hohen Lebensstandards, versteht sich! (23). Dieses gewiss von vielen Menschen gewünschte Ziel könnte höchstens dadurch erreicht werden, dass die menschliche Arbeitskraft weitgehend durch Automaten ersetzt wird, was zumindest für den reinen Produktionsbereich denkbar wäre, nicht für den Dienstleistungsbereich. Eine weitere Voraussetzung besteht in der Begrenzung der Kinderzahl, damit die Weltbevölkerung nicht noch weiter zunimmt, aber dies dürfte vorläufig ein Wunschtraum bleiben.

Biotechnologie
Eine viel versprechende Zukunftstechnologie ist die Herstellung chemischer Produkte mit Hilfe von Enzymen. Ganz neu ist das Verfahren nicht, denn schon seit Jahrtausenden werden Gärverfahren angewandt zur Herstellung von Nahrungs- und Genussmitteln: durch milchsaure Gärung von Kohl erhält man z. B. Sauerkraut, durch alkoholische Gärung von Traubensaft Wein, durch essigsaure Gärung von Wein Essig. Die moderne Biotechnologie ist eine Weiterentwicklung sowie eine Ausdehnung auf den Chemikalien- und Pharmasektor, wobei nicht Mikroorganismen verwendet werden, sondern die in diesen enthaltenen Enzyme als Biokatalysatoren. Der Vorteil der Biotechnologie besteht u. a. darin, dass bei normaler oder schwach erhöhter Temperatur gearbeitet werden kann, anstatt wie häufig in der Chemie bei hoher Temperatur und hohem Druck mit entsprechenden Materialproblemen und mehr oder weniger hohem Energieverbrauch.
Man unterscheidet:
-Rote Biotechnologie und versteht darunter die biotechnische Herstellung von Substanzen für den medizinischen Bereich, ihr wird eine "rosige Zukunft" prophezeit. Ein Beispiel ist die Herstellung von antiviralen Medikamenten, z. B. Tamiflu oder Relenza, die bei einer Vogelgrippe-Pandemie Schutz versprechen. Ersteres wird aus Shikimisäure in mehreren Synthesestufen hergestellt, die ihrerseits entweder aus japanischem Sternanis isoliert oder enzymatisch aus einer Traubenzuckerlösung gewonnen wird, wobei speziell präparierte Escherichia coli Bakterien die Glukose fressen und zu Shikimisäure umwandeln (Abb.12), (24).

Die Verfahrensschritte

Abb. 12: Synthese von Tamiflu.

Das Verfahren läuft in stark verdünnter Lösung, man benötigt daher größte Reaktionsgefäße mit bis zu 150 000 Liter Inhaltsvolumen, und die Aufarbeitung der stark verdünnten Reaktionslösung ist sehr teuer. Trotzdem wird dem biotechnischen Verfahren der Vorzug eingeräumt, weil Sternanis nicht in der nötigen Menge beschafft werden kann, auch ist der Bedarf beachtlich: für 1 kg Shikimisäure werden 30 kg Rohmaterial gebraucht und die Zeit von der Bestellung des Rohstoffs bis zur Auslieferung des Heilmittels beträgt 10-12 Monate, davon allein 6-8 Monate für die Produktion.
-Die grüne Biotechnologie benutzt transgene Pflanzen und Tiere zur Herstellung von Wirk- und Arzneistoffen. Die Öffentlichkeit hat zum Teil noch starke Bedenken dagegen.
-Die weiße Biotechnologie entwickelt und betreibt Verfahren zur Herstellung von Chemikalien. Man schätzt, dass bis zum Jahr 2010 etwa 20% der Chemieprodukte im Wert von rund 310 Milliarden US$ biotechnisch hergestellt werden, welche Chemiesparte in welchem Umfang, geht aus der Abbildung 13 hervor (25). Die weiße Biotechnologie ist branchenübergreifend, sie hat sowohl Bedeutung für die chemische Industrie, als auch für neuere, meist umweltfreundlichere Verfahren in der Lebensmittel-, Kosmetik-, Textil- und Papierindustrie. Die oben beschriebene Herstellung von antiviralen Grippemitteln ist ein Beispiel für die Überschneidung von roter und weißer Biotechnologie.
Ein weiteres Beispiel für die weiße Biotechnologie ist die Herstellung des biologisch abbaubaren Kunststoffs Polylactid PLA , Abb.14 (26).
Die Tabelle zeigt, welche Produkte der weißen Biotechnologie bereits heute (2006) im Tonnenmaßstab hergestellt werden (26a)

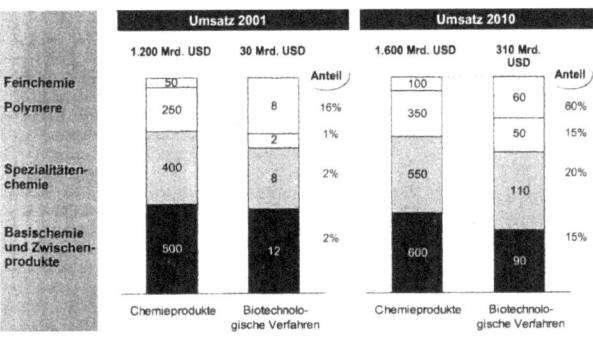

Abb. 13: Das Verhältnis Chemieprodukte zu Biotechnische Verfahren (nach Festel Capital).

Produkt	Weltjahresproduktion (t)	Anwendung
Säuren		
Zitronensäure	1 000 000	Lebensmittel, Waschmittel
Essigsäure	190 000	Lebensmittel
Gluconsäure	100 000	Lebensmittel, Textil, Metall
Aminosäuren		
L-Glutamat	1 500 000	Geschmacksverstärker
L-Lysin	700 000	Futtermittel
L-Threonin	30 000	Futtermittel
L-Phenylalanin	10 000	Aspartam, Medizin
L-Tryptophan	1 200	Ernährung, Futtermittel
L-Cystein	500	Pharma, Lebensmittel
Lösungsmittel		
Bioethanol	1 850 000	Lösungsmittel, Energieträger
Antibiotika		
Penicilline	45 000	Medizin, Futtermittelzusatz
Cephalosporine	30 000	Medizin, Futtermittelzusatz
Biopolymere		
Polylactid	140 000	Verpackung
Xanthan	40 000	Erdölförderung, Lebensmittel
Dextran(-derivate)	2 600	Blutersatzstoff
Vitamine		
Ascorbinsäure (Vitamin C)	80 000	Pharma, Lebensmittel
L-Sorbose (Vit. C Vorstufe)	50 000	Pharma, Lebensmittel
Riboflavin (B₂)	30 000	Wirkstoff, Futterzusatz
Kohlenhydrate		
Glucose (a)	20 000 000	Flüssigzucker
High Fructose Syrup (a)	8 000 000	Getränke, Ernährung
Fructooligosaccharide (a)	10 500	Präbiotikum
Cyclodextrine (a)	5 000	Kosmetik, Pharma, Lebensmittel

(a): Enzymatisch hergestellte Produkte

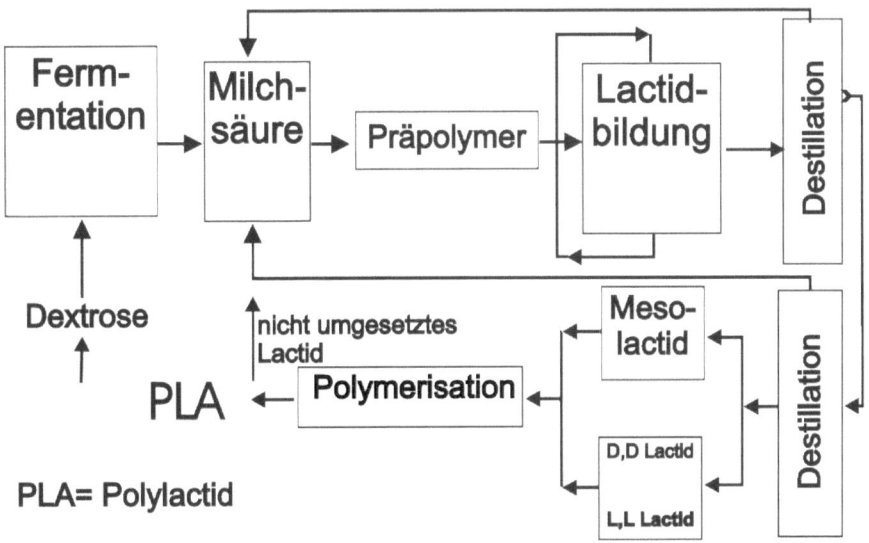

Abb. 14: Biotechnische Herstellung von Polylactid (Nachrichten aus der Chemie 52, März 2006, S.304).

Bionik

Das Kunstwort Bionik ist entstanden aus den Wörtern Biologie und Technik. Man versteht darunter die Übertragung biologischer Bauprinzipien auf die Technik. So sind z. B. Getreidehalme oder Vogelfedern infolge ihrer Hohlstruktur leicht, biegsam und dennoch stabil, Wabennester von Bienen, Hummeln, Wespen, Hornissen sowie die Knochen der Wirbeltiere ergeben mit geringem Materialeinsatz gute Werte hinsichtlich Stabilität und Funktionalität.

Auf dem Gebiet des Automobilbaus kommen neuerdings mehrere Erkenntnisse der Bionik zur praktischen Anwendung. Fledermäuse können sich bei völliger Dunkelheit durch Emission von Ultraschallwellen sowie Detektion der reflektierten Wellen orientieren. Man benutzt dieses Prinzip nun zur Geschwindigkeits- und Abstandsmessung bei fahrenden Autos.

Der Mercedes-Benz bionic car, bislang nur ein Konzeptfahrzeug, nutzt hinsichtlich Aerodynamik und Bauweise gewisse Prinzipien des tropischen Kofferfischs: er hat einen voluminösen Körper und bewegt sich trotzdem geschmeidig durchs Wasser, seine Außenhaut besteht aus sechseckigen Knochenplatten, die bei kleinstmöglichem Gewicht eine hohe Festigkeit ergibt. Die Rohbaustruktur ist rund ein Drittel leichter als üblicherweise. Das Auto erreicht eine Höchstgeschwindigkeit von 190 km/h, der Kraftstoffverbrauch beträgt 4,3 Liter pro 100 km.

Die Autolacke sind heute nach dem Prinzip der Lotusblätter aufgebaut und somit wasser- und schmutzabweisend.

Das stark verzweigte Wurzelwerk der Bäume diente als Vorbild für die Konstruktion eines Sechszylinder-Dieselmotors, das Gewicht des Kurbelgehäuses konnte hier um 35 Prozent verringert werden bei gleichzeitiger Leistungssteigerung von 160 auf 170 kW, dabei wurde von Grauguss auf Aluminium umgestellt. Da aber Aluminium weniger belastbar ist als Grauguss, musste das Gehäuse steifer und damit belastbarer gemacht werden, was durch Einbau stabilisierender Rippen, die nach dem Wurzelsystem aufgebaut sind, erfolgte. Die Rippen haben keine rechten Winkel, sie verlaufen nicht unbedingt parallel und haben an den Enden Verdickungen wie Knochen, sie wirken wie ein unregelmäßiges Gitterwerk und haben größtmögliche Wirksamkeit bei geringstem Materialeinsatz.

Auch die Konstruktion von Autoreifen kann von der Bionik profitieren. So hat man z. B. die wabenförmige Lamellenstruktur, die der Baumfrosch an seinen Füßen hat und die ihm ein problemloses Laufen selbst auf nassen Blättern erlaubt, auf die Oberflächenstruktur von Autoreifen übertragen, um das gefährliche Aquaplaning auszuschalten. (27)

Sozialverhalten und Medizin

Das Zusamnenleben vieler Menschen auf relativ engen Räumen bei oft naturwidrigen Beschäftigungsarten (stundenlanges bewegungsloses Sitzen oder Stehen, Schichtarbeiten mit Jet-Lag Erscheinungen usw.) bedingt für die Zukunft ein verstärktes Bemühen um den Menschen. Hier kommt den Medien eine große ausgleichende und massenpsychologische Aufgabe zu. Das Bekümmern um den Menschen wird eine größere Rolle spielen müssen als heute, das Problem: "Automation der Arbeit und trotzdem Beschäftigung" muss irgendwann gelöst werden, somit Entdeckung der Ethik der Arbeit und Arbeit wieder als Sinn und Inhalt des Lebens auffassen können. Der arbeitswillige Mensch muss ein neues Wertgefühl vermittelt bekommen.
Hier ist auch die Medizin gefordert, von der man manchmal den Eindruck bekommt, dass sie sich hauptsächlich auf Laborergebnisse und Apparatemedizin stützt und sich viel zu wenig um die Individualität des Patienten hinsichtlich Medikamentenverträglichkeit (Pharmakogenomik) bekümmert. Der heute gültige Grundsatz für die Arzneimittelauswahl: "One size fits all", d. h. "was dem einen Patienten nutzt, tut auch allen anderen gut" sollte bald zugunsten einer individuenspezifischen Verordnung abgelöst werden.

Kurzbiographie von Nicolai Kondratieff (22)

Kondratieff ist geboren am 4. März des Jahres 1892 in dem Dorf Galuyewskaja in der zentralrussischen Provinz Kostroma - heute Iwanowo. Er studierte in St. Petersburg und wurde Direktor für Statistik und Wirtschaft in einem Petersburger Bezirk. 1917 nahm er an der Revolution teil, wurde Mitglied der Verfassung gebenden Versammlung und Vize-Ernährungsminister der Kerenski-Regierung. 1920 ging er nach Moskau und gründete dort ein Konjunktur-Institut, wo er Fünfjahrespläne für die Landwirtschaft aufstellte, jedoch wurde das Institut 1928 geschlossen. 1930 wurde Kondratieff verhaftet und am 17.9.1938 zum Tod durch Erschießen verurteilt. Die Theorie der langen Wellen, wonach auf eine Depression Wohlstand folgen kann, passte nicht zur marxistischen Aussage, dass der wirtschaftliche Abschwung am Ende des ersten Weltkriegs den Untergang des Kapitalismus eingeleitet habe. 1987 erfolgte die Rehabilitierung Kondratieffs.

Literatur
1) 1. Mose, 41
2) J. J. Murphy, Technical Analysis of the Financial Markets, New York 1999, S.346
3) A. a. O., S.347
4) Dito
5) Wirtschaftswoche 19.6.2006, S.18
6) J. J. Murphy, a. a. O.
7) N. D. Kondratieff, "Die langen Wellen der Konjunktur" in Archiv für Sozialwissenschaft und Sozialpolitik 56 (1926), S.573-609
8) C. Marchetti, Vortrag Novosibirsk, März 1988
9) C. Marchetti, bdw 10/1982, S. 117 f.
10) G. Schmid, CHIUZ 1/2005, S.8
11) Dto., S.10
12) P. Ottersbach et alii, CHIUZ 1/2005, S.58,59
13) H. F. Krug, Nachr. aus d. Chemie 12/2003, S.1241-1246
14) T. Hertel, Nachr. Ch. 2/2004, S.1037-1040
15) H. Wiese et alii, CHIUZ 1/2005, S.65,66
16) J. P. Gerling, F.-W. Wellmer, CHIUZ 4/2005, S.239; 16a) Das Wertpapier 9/2006, S.40
17) H. Gruhl, Ein Planet wird geplündert, Ffm. 1978, S.63
18) Wie 16)
19) J. Feßmann, H. Orth, Angew. Chemie u. Umwelttechnik f. Ing., Landsberg/L., 2002, S.378,
20) V. Hopp, Chem. Rdsch. 1/2005, S. 31 f.
21) Fr. Bluhm, WERTPAPIER 19/2004, S.20-23, H. Schneider, Bietigh. Ztg. 10.2.2005, S.6; 21a) G. A. Olah, Raymond Goeppert, C. K. S. Prakash, Beyond Oil and Gas:The Methanol Economy, Weinheim 2006; 21b) ADAC motorwelt März 2007, S. 52-58
22) E. Händeler, Die Geschichte der Zukunft, Moers 2005
23) J. Rifkin, Das Ende der Arbeit, Stuttgart. Ztg. 3.5.2005
24) Chem. Rundschau 11/2005, S.7
25) Nachr. Ch. 2/2004, S.167
26) Nachr. aus d. Chemie, 03/ 2006, S.304; 26a) Nachr. aus d. Chemie, 12/2006, S. 1204.
27) W. Gessler, ADAC motorwelt, Januar 2007, S.32-35

Das Gesetz des natürlichen Wachstums - Die Volterra-Funktion
Gewisse Wachstumsvorgänge in Natur, Wirtschaft und Technik haben einen S-förmigen zeitlichen Verlauf, in der Natur z. B. das Wachstum von Pflanzensämlingen, in der Landwirtschaft der Ertrag, in der Wirtschaft z. B. der Ausbau des Eisenbahnwesens. Die Verhältnisse in der Landwirtschaft wurden bereits 1768 von M. Turgot (1) erkannt und in seinem Bodenertragsgesetz ausgedrückt: "Der Ertragszuwachs ... kann ein Maximum nicht überschreiten, weil die Fruchtbarkeit des Bodens beschränkt ist". J. H. Thünen (2) bestätigte und ergänzte dies 1826 wie folgt. Der landwirtschaftliche Ertrag eines in Kultur genommenen Gebiets durchläuft drei Stufen:
-    eine Anfangsphase mit geringem Ertrag,
-    eine Wachstumsphase mit steigenden Erträgen,
-    eine Sättigungsphase, in deren Verlauf ein Höchstertrag erreicht wird, der auch durch noch so viel Bemühen nicht gesteigert werden kann.
Die Verhältnisse sind in Abb.15 schematisch dargestellt, sie lassen sich auch anwenden auf Vorgänge in der Natur, z. B. das Wachsen von pflanzlichen Keimlingen (3), von pflanzlichen, tierischen und menschlichen Populationen sowie auf die Entwicklung von Innovationen, auf Sedimentationen, einschließlich der Blutsenkung, weiterhin auf gewisse Korrosionsvorgänge (4).

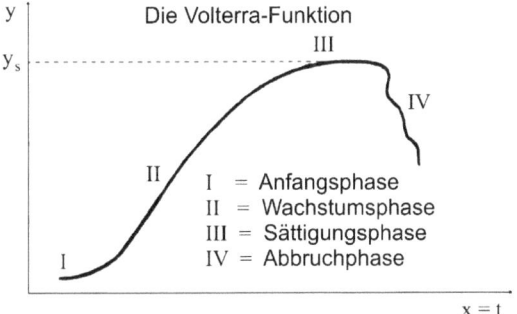

Abb. 15: Die Volterra- Funktion

In manchen Fällen erfolgt eine Abweichung infolge einer oder mehrerer Eskalationen (Abb.16). Es ist anzunehmen, dass auch die alten Kulturkreise in Ägypten, Mesopotamien, Indien und China nach diesem Gesetz entstanden und vergangen sind.
Beim Übergang vom steilen Teil der Kurve in den finalen Kurvenabschnitt bemühen sich die Menschen offenbar, gegenzusteuern. Bei den Griechen war es das Bestreben, die menschlichen Grenzen durch die Aufnahme in den olympischen Hain der Götter zu überwinden, heute ist es die Raumfahrt.

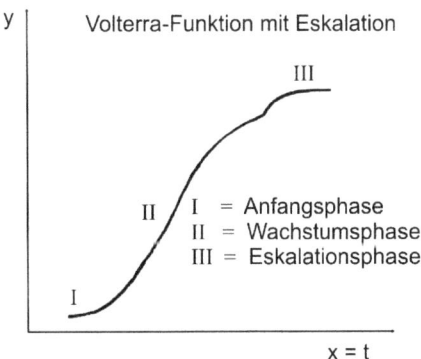

Abb. 16: Volterra Funktion mit Eskalation.

Der Engländer Malthus veröffentlichte 1789 eine Schrift "An essay of the principle of population as it affects the future improvement of Society", worin er folgendes schreibt: Die Entwicklung der menschlichen Ökologie als Population von Individuen im Idealfall bei Anwesenheit von unbegrenzten Ressourcen und in Abwesenheit von Bedingungen, die einer Entwicklung entgegen stehen, neigt zum Wachstum nach einem geometrischen Gesetz, darstellbar durch die Gleichung:

$$dN/dt = \varepsilon \cdot N$$

N = Anzahl der Individuen
t = Zeit
ε = n - m
　 = Wachstumsrate
n = Geburtsrate (Natalität)
m = Sterblichkeitsrate (Mortalität).
Für das Wachstum einer Bakterienkultur stellte der Belgier Verhulst 1838 folgende Gleichung auf:

$$dN/dt = a \cdot N(\acute{N}-N), \text{ integriert: } N(t) = \acute{N}/1 - e^{-(at-b)}$$

N(t) = Anzahl Bakterien zur Zeit t
$\acute{N}$ = Masse der umwandelbaren Chemikalien zur Zeit Null, bevor die Vermehrung startet
b = Integrationskonstante
a = Umsatzkonstante
Eine quantitative Bearbeitung erfolgte im 20. Jahrhundert durch Vito Volterra (5), wodurch die Vorgänge mathematisch besser ausdrückbar wurden.
In der von Marchetti angegebenen Form lautet die Volterra-Gleichung wie folgt (6):

$$Y = \frac{1}{1 + e^{-a(t-T)}} \quad <1>$$

$$Y = \frac{V}{Vs}$$

In den obigen Gleichungen bedeuten:
V = Messwert
Vs = Endwert
a = Steigung der Volterra-Geraden
t = zeitlicher Messwert für V
T = Halbwertszeit

$$\text{Mit } \ln \frac{Y}{1-Y} = Y^* \quad <2>$$

erreicht man eine Linearisierung der Kurve: $\ln Y/1-Y = a \ln t - a \ln T$ <3> . Die Kurve nach Gleichung <1> beginnt bei minus unendlich und endet bei plus unendlich, was experimentell nicht realistisch ist, man beginnt daher bei t = 1 und endet bei der Zeit, die dem Ordinatenwert V = 99% entspricht.

Anwendungsbeispiele

Ein Beispiel aus der medizinischen Diagnostik ist die *Blutsenkung*. Bei der von dem schwedischen Arzt Fahräus 1916 eingeführten Methode lässt man das Blut in einem graduierten Kapillarrohr nach Westergren stehen, wobei eine Trennung in Blutkuchen und Blutwasser eintritt (7). Die Phasengrenze wird nach einer und nach zwei Stunden abgelesen und als "Blutsenkung" angegeben, z. B.: 8/12. Bei fieberhaften Erkrankungen sind die Werte zum Teil stark erhöht. Das Verfahren wird zwar häufig angewandt, hat jedoch keinen hohen diagnostischen Wert, es dient vielmehr nur zur Orientierung, ob z. B. entzündliche Prozesse im Organismus vorliegen (8). Verfolgt man die Kinetik der Blutsenkung, so findet man auch hier einen S-förmigen Verlauf, wobei eine endgültige Beruhigung erst nach vier bis fünf Tagen eintritt.

Die Kurve der Blutsenkungswerte (Abb.17) lässt zwangsläufig Zweifel an der Aussagekraft der Methode aufkommen, denn die Ablesung nach 1 und 2 Stunden erfasst nur einen kleinen Teil des gesamten Senkungsvorgangs. Das Verfahren lässt sich aber quantifizieren durch Anwendung der Volterra-Gleichung, wobei der Hämatokrit als Endwert eingesetzt wird (Abb.18). Man erhält dann zwei weitere Werte (a und T) mit vermutlich diagnostischer Aussagekraft. In der Tabelle sind die Blutsenkungen von zehn Patienten aufgeführt. Bei Herzerkrankungen ist der Faktor a relativ niedrig
(Nr. 2,4,8,9,10 der Tabelle), bei Hirnerkrankungen dagegen hoch (Nr. 1,5). Interessant sind die Fälle mit Lungenembolie (Nr.4 und 10), wo die 1- und 2-Stundenwerte keine Analogie erkennen lassen, die Volterra-Parameter T und a dagegen eine gute Übereinstimmung geben.

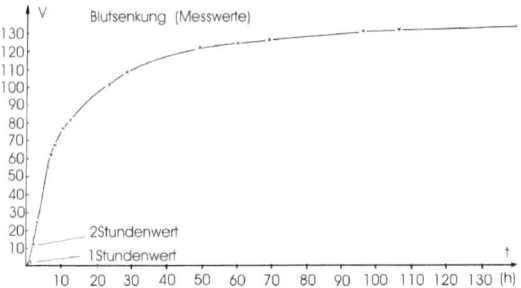

Abb. 17: Blutsenkungswerte dekadisch

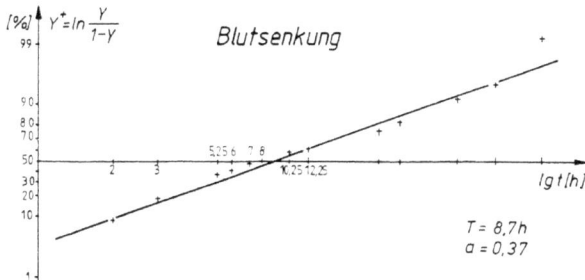

Abb. 18: Blutsenkungswerte im Volterra- Netz

Tabelle: Blutsenkungsparameter

Nr. Geschlecht	nach 1 h	Senkung nach 2 h	nach 336 h (V_s)	T (h)	a (%/h)	Krankheit
1 w	47	82	148	1,78	0,51	Apallisches Syndrom
2 m	6	16	104	6,31	0,17	Angina pectoris, Herzinsuffizienz
3 w	8	24	120	4,47	0,30	Hemicolektomie, Niereninsuffizienz, Herzinsuffizienz
4 w	15	32	88	2,99	0,22	Lungenembolie, Herzinsuffizienz
5 m	55	92	142	1,41	0,80	Schädelhirntrauma
6 w	8	25	125	3,98	0,34	Herzinfarkt
7 m	3	14	132	5,01	0,38	Pneumothorax
8 m	1	4	130	10,47	0,14	Herzinfarkt
9 m	18	36	134	4,37	0,13	Herzinfarkt
10 m	27	32	136	2,88	0,21	Lungenembolie, Herzinfarkt

Korrosionsvorgänge

Die Korrosion von Metallen durch strömende Medien, z.B. die Innenkorrosion von Wasserleitungsrohren, kann in Korrosionsversuchen mit rotierenden Metallscheiben simuliert werden. Abb.19 zeigt die grafische Auswertung eines derartigen Versuchs mit einer rotierenden Stahlscheibe in Leitungswasser. Es erfolgt zunächst ein Gewichtsverlust durch Metallabtragung, danach der Aufbau einer haftenden Kalk-Rost-Schutzschicht (zwischen den beiden Pfeilen in Abb.19). Die Ausbildung dieser Schicht gehorcht der Volterra-Funktion, im Volterra-Netz erhält man eine Gerade mit den Parametern a = 0,22 und T = 45 Stunden (Abb.20).

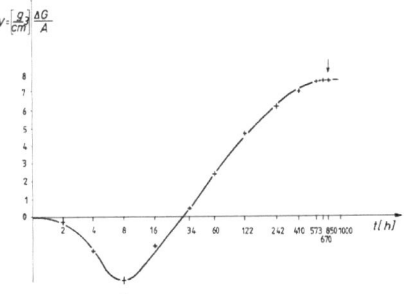

Abb. 19: Korrosion einer rotierenden Stahlscheibe in Leitungswasser

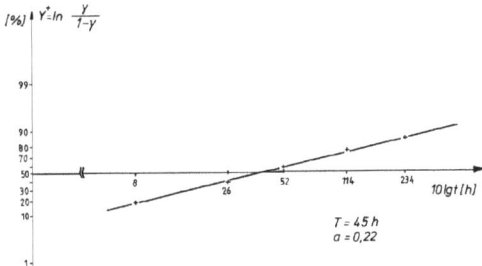

Abb. 20: Korrosion einer rotierenden Stahlscheibe in Leitungswasser; Auftragung nach Volterra.

Zeitabhängigkeit von Innovationen

C. Marchetti hat mehrere Innovationswellen untersucht und gefunden, dass die Abstände der 50%-Daten dieser Wellen praktisch immer gleich sind und etwa einem Kondratieff entsprechen (6,9). Marchetti bediente sich der Gleichung von Fisher und Pry (10):

lg F/1-F = at + b mit F = N / $\overline{N}$, was im Prinzip der obigen Gleichung <3> entspricht. Der Querstrich über dem N bedeutet, dass es sich um einen Gleichgewichtswert handelt.

Die Weltbevölkerung

In einer früheren Veröffentlichung wurde postuliert, die Zunahme der Weltbevölkerung erfolge potentiell (11), inzwischen nimmt man aber an, dass sie sich im Sinne einer sigmoiden Kurve entwickeln wird (12, Abb.21), weil sich der durchschnittliche jährliche Bevölkerungszuwachs seit 1998 verlangsamt. Will man die Bevölkerungskurve nach Volterra aufarbeiten, so muss man einen Endwert Vs willkürlich annehmen, um mit den ermittelten bzw. ab 1999 geschätzten Werten V jeweils Y und somit auch Y* ausrechnen zu können. Gewählt wurde eine vermutliche Endbevölkerung von 12 Milliarden Menschen. Es wurde nur der Kurvenabschnitt zwischen 1927 und 2048 genommen und die erhaltenen Werte von Y* gegen die Zeit t (dekadisch) in zwei verschiedenen Maßstäben aufgetragen (Abb.22, x und °), wobei jeweils eine Gerade mit der "Halbwertszeit" T~1998 erhalten wurde. Schließlich wurde Y* gegen ln t aufgetragen, wobei t=Δt=Jahreszahl minus 1804 genommen wurde, also z.B. 1927-1804=123; ln 123 = 4.812, mit Verzerrung um den Faktor zwei ergibt das: 9,62. Auch hier bekommt man eine Gerade mit T ≙ 1998. In allen drei Fällen liegen die Werte für

1927 nicht auf der Geraden. Durch Extrapolation der Geraden findet man, dass ums Jahr 2090 die Weltbevölkerung etwa 90% von 12 Milliarden, also 10,8 Milliarden Menschen betragen wird. Das Festland der Erdoberfläche beträgt 362,15 Millionen Quadratkilometer, d. h. auf etwa 3,35 Hektar Festland einschließlich Wüste, Steppe, Gebirge, Eis- und Schneefläche würde dann ein Erdenbewohner kommen. Der "ökologische Fußabdruck", das ist die in Land umgerechnete Fläche zum Erhalt des Lebensstandards, beträgt für den Europäer 4,8 Hektar, für einen Bewohner der Vereinigten Arabischen Emirate 11,9 Hektar, für die meisten anderen Erdbewohner jedoch zum Teil wesentlich weniger.
Nun werden auch in diesem Punkt die Bäume nicht in den Himmel wachsen, sondern nach einer Sättigungsphase wird es eine Abbruchphase geben (Abb.15), beide werden bewirkt sein durch hemmende Einflüsse, z.B. die Erschöpfung von Ressourcen, Naturkatastrophen großen Ausmaßes, Revolutionen und Kriege, weltweite Krankheiten. Unter den möglichen Naturkatastrophen ist z.b. die stetige Erderwärmung zu erwähnen, jedoch ist derzeit noch nicht genau vorhersehbar, wann und wie sie sich auswirken wird.
Zur Grafik Weltbevölkerung (Abb. 21)
Das Anfangsjahr 1804 wird gleich Null gesetzt. Für 1927 erhält man dann Δa=123 Jahre usw.

	1804	1927	1960	1974	1987	1999	2013	2027	2048
Δt		123	156	170	183	195	209	223	244
ln t		4,81	5,05	5,13	5,21	5,27	5,34	5,40	5,50
2 ln t		9,62	10,10	10,26	10,42	10,54	10,68	10,80	11,00
V (Mia)	1	2	3	4	5	6	7	8	9
Y*	-2,402	-1,617	-1,098	-0,695	-0,335	0,0	+0,335	0,690	1,098

In der Grafik ist eingetragen:
Y* gegen t dekadisch (·)
Y* gegen ln t (x)
Y* gegen 2 ln t (°)

Historische Entwicklung der Weltbevölkerung

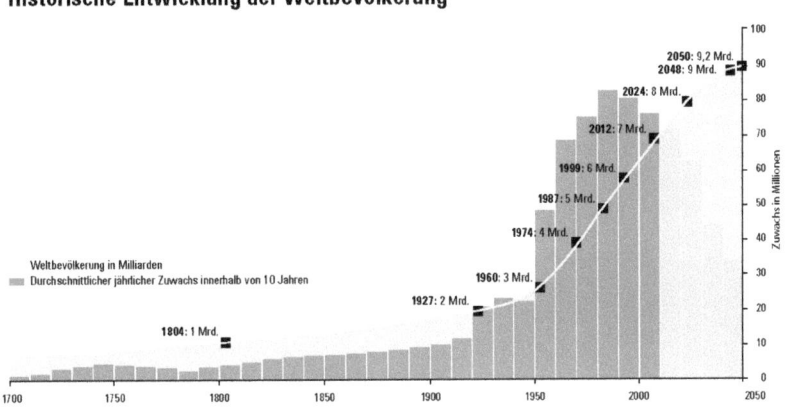

Grafik: Deutsche Stiftung Weltbevölkerung
Quelle: Vereinte Nationen, World Population Prospects: The 2006 Revision, 2007

Die erste Milliarde erreichte die Weltbevölkerung im Jahr 1804. Bis 1900 lebten nur 1,6 Milliarden Menschen auf der Erde. Im Jahr 1927 waren es zwei Milliarden, 33 Jahre später drei Milliarden. 1974 wurden vier und schon 1987 fünf Milliarden Menschen gezählt. Im Jahr 1999 überschritt die Weltbevölkerung die Sechs-Milliarden-Grenze. Damit hat sich die Weltbevölkerungszahl im 20. Jahrhundert nahezu vervierfacht – ein in der Geschichte der Menschheit einmaliger Vorgang. Zurzeit wächst die Weltbevölkerung etwa alle 14 Jahre um eine weitere Milliarde Menschen. Das Bevölkerungswachstum findet zukünftig ausschließlich in den Entwicklungsländern statt.

Abb. 21: Die Weltbevölkerung (nach deutscher Stiftung Weltbevölkerung)

.

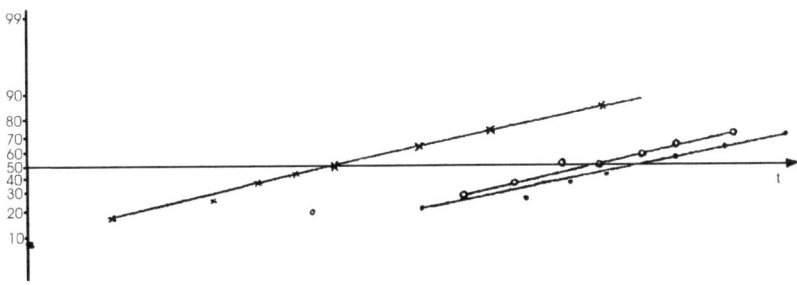

Abb. 22: Die Weltbevölkerung im Volterra- Netz

Räuber-Beute-Systeme (13)
Volterra wurde nach dem ersten Weltkrieg mit einem Problem der Adria-Fischer konfrontiert: ihre Fänge nahmen über mehrere Jahre hinweg periodisch zu und dann wieder ab. Volterra und Lotka bekamen die Sache mathematisch in den Griff, indem sie das Phänomen als ein Wechselspiel von Beute- und Räuberfischen betrachteten. Erstere vermehren sich schneller als letztere, wenn aber die Räuber das Nahrungsangebot fast verzehrt haben, muss ihre Zahl zwangsläufig zurück gehen, mit der Folge, dass sich die Beutetiere wieder stärker vermehren können, und das Spiel wiederholt sich oszillierend (Abb.23). Die Gleichungen von Lotka und Volterra lauten:

$dB/dt = a \cdot B - \alpha \cdot B \cdot R$

$dR/dt = - b \cdot R + \beta \cdot B \cdot R$

B = Zahl der Beute-Individuen
R = Zahl der Räuber-Individuen
a = Wachstumsfaktor der Beutetiere
b = Verlustrate der Räuber
α= funktionaler Term zur Beschreibung der Beute-vermindernden Wechselwirkung
β=   "   "   "   "   " Räuber- "   "

Es ist anzunehmen, dass man dieses Spiel der Wechselwirkungen auch anwenden kann auf gewisse geschichtliche Vorgänge, die von Nahrungsbedarf und Nahrungsangebot abhängen. Die vielen Todesfälle durch die Pestepidemien der vergangenen Jahrhunderte hatten einen Rückgang des Nahrungsbedarfs zur Folge, gleichzeitig aber auch einen Lohnanstieg, weil viele Arbeiter starben und es somit an Arbeitskräften mangelte. Ein Ausgleich wurde teilweise dadurch geschaffen, dass man mehr Viehweidewirtschaft betrieb, die nicht so arbeitsintensiv ist, gleichzeitig aber auch zu einer besseren Eiweißversorgung der Bevölkerung führte, mit dem Ergebnis, dass es eines Tages wieder reichlich Arbeitskräfte gab und die Löhne wieder sanken.
Lotka und Volterra sagen, dass eine Population zu einem Gleichgewicht kommt. Auf die Bevölkerung der Erde wie auch Deutschlands angewandt heißt das, dass eine Höchstzahl von Bewohnern nicht überschritten wird. In Deutschland wird seit 70 Jahren immer wieder die Bevölkerungsstatistik in Form eines "überalterten" Baumes gezeigt. Angesichts der Tatsache, dass in dem einst flächenmäßig größeren Deutschland "nur" 65 Millionen Menschen lebten und man damals von "Volk ohne Raum" sprach, während sich in dem heute kleineren Deutschland 82 Millionen Menschen, zum Teil als Sozialhilfeempfänger aufhalten, fällt es schwer, an ein Aussterben zu glauben.
Interessant ist, dass sich die Bevölkerungszahl des ehemaligen Dorfes Bissingen an der Enz (heute Stadtteil von Bietigheim-Bissingen) in der Zeit von 1448 bis 2004 im Sinne einer Volterra-Kurve entwickelt hat, mit einer kurzen Unterbrechung durch den 30-jährigen Krieg - ein Beweis dafür, dass die Naturgesetze eine breitere Gültigkeit haben, als uns normalerweise bewusst wird (13a).

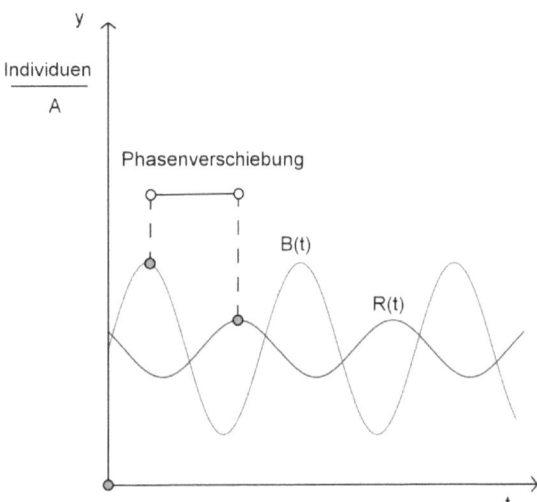

Abb. 23: Die Population in einem Räuber Beute System; y=Individuen / Flächeneinheit

Kurzbiografie von Vito Volterra (14)
Volterra lebte von 1860 bis 1940. Er war Professor für Mathematik in Rom, betätigte sich aber auch politisch, unter anderem als Mitglied des italienischen Senats. 1916 war er mitbestimmend für den Kriegseintritt Italiens gegen Deutschland und an der Seite Frankreichs, das er sehr verehrte. Obwohl damals schon 56 Jahre alt, meldete er sich freiwillig zur Armee, um gegen Deutschland kämpfen zu können. Unter Mussolini erhielt er Ausreiseverbot, folgte aber trotzdem in den 1930er Jahren einer Einladung der Faculté des Sciences in Paris, das er auf abenteuerliche Weise erreichte: er überquerte die schneebedeckten Alpen auf Schmugglerpfaden, im Koffer seine Oberflächenmodelle (Volterra hatte sich auch mit Oberflächenfragen, z.B. Versetzungen befasst). Das war wenige Jahre vor seinem Tod, er verweigerte sich der Intoleranz und erfüllte bis zum Schluss seinen Auftrag als Forscher und Lehrer. Seine wissenschaftlichen Arbeiten sind zusammengefasst in fünf großen Bänden.

Literatur
1) A.R.J. Turgot: Oeuvres de M. Turgot, Paris 1808
2) J.H. von Thünen: Der isolierte Staat in Beziehung auf Landwirtschaft und Nationalökonomie, Hamburg 1826
3) P. B. Kahn: Mathematische Methoden für Wissenschaftler und Ingenieure, Heidelberg, Berlin, Oxford, 1995, S. 261 f.
4) H. Orth: Chemiker-Zeitung 109 (1985), S. 429 f.
5) V. Volterra: Opere matematiche, Rom, 1954-1962, Band 1, S. 3-28, Band 5, S. 1-124
6) C. Marchetti, bdw 9, Heft 10 (1982), S. 114-128
7) W. Pschyrembel: Klinisches Wörterbuch, 252. Auflage, Berlin 1975, Seite 1113
8) A. Reis: Biomedizinische Technik, München-Wien, 1976, Seite 150-160
9) C. Marchetti, Vortrag Novosibirsk, März 1988
10) J. C. Fischer und U. H. Pry, Technological Forecasting and social change, 3:75-88 (1970)
11) K. Hahlbrock, Verh. d. GDNÄ 1990, Stgt. 1991, S. 377
12) Deutsche Stiftung Weltbevölkerung
13) H. Hulpke in Ullmanns Enzyklopädie der Technischen Chemie, 4.Aufl., Bd. 5, S. 21, Weinheim 1980. 13a) H.Orth, Bissingen an der Enz, eine Chronik, Bietigheim-Bissingen 2005, S. 107.
14) Gaetano Fichera: La Figura di Vito Volterra a cinquanta anni dalla morte. Convegno Internazionale in memoria di Vito Volterra, S.25-37, Rom 1992

Lineargesetze, $y = mx + b$.

Ein Beispiel für ein Lineargesetz ist der 100-Meter-Lauf der Männer bei den olympischen Spielen 1896 bis 2004, bzw. der Frauen von 1928 bis 2004 (1). In den Jahren 1916, 1940 und 1944 fanden kriegsbedingt keine Spiele statt.

Bei den Männern liegt der Anfangswert von 1896 außerhalb der Geraden, die durch Aufzeichnung der Bestleistungen (Dimension: Sekunden, s) erhalten wird und bleibt daher unberücksichtigt. Die Gerade hat eine Neigung m = 0,0133 s pro Jahr und einen zeichnerisch extrapolierten Anfangswert b = 11 s, (Abb.24) die Gleichung lautet somit:

$\qquad$ $y = mx + b = -0,013 \cdot x + 11,0$ s
$\qquad$ y = Zeit in Sekunden für 100 Meter
$\qquad$ x = Jahr ab 1896 (=0)
$\qquad$ b = Anfangswert der Geraden, s

z.B. 1928 - 1896 = 32 a, somit: $\quad$ y = - 0,013 s/a · 32 a + 11,0 [s]
$\qquad\qquad\qquad\qquad\qquad$ = -0,416 + 11,0 [s]
$\qquad\qquad\qquad\qquad\qquad$ = 10,584 [s]

Das Ergebnis stimmt etwa überein mit dem zeichnerisch ermittelten Geradenwert, die real gemessene Zeit ist 10,8 s.

Der 100-Meter-Lauf der Frauen begann erst 1928, die Werte ergeben eine Gerade, die zu der vorher gehenden fast parallel verläuft (Abb.24), die Geradengleichung lautet: $\quad$ y = - 0,012· x + 11,2 [s].

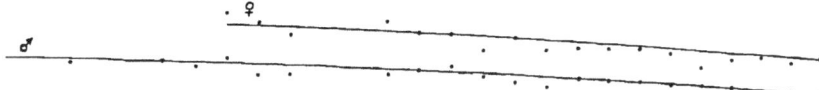

Abb. 24: Olympischer 100m- Lauf der Männer und Frauen

Hochsprung der Männer und Frauen in Meter

Der Hochsprung folgt ebenfalls dem Lineargesetz y = mx + b mit m=Steigung der Geraden, Dimension Meter pro Jahr, [m / a] , x=Zeit in Jahren [a] , b=Ordinatenabschnitt in Meter, [m]. Auch hier liegen Werte für Frauen erst ab 1928 vor. Die Leistungsdifferenz Männer/Frauen betrug 1928: 0,345 m, 2004: 0,30 m, der Unterschied ist also kleiner geworden. Beide Kurven können in drei Geraden I,II,III zerlegt werden. Der Anfangswert von 1,81 Meter für 1896 wurde nicht berücksichtigt, da er, wie auch der Wert von 1,80 m im Jahr 1904, als "Ausreißer" betrachtet wird.

Für den Hochsprung der Männer gilt: $\qquad$ für den Hochsprung der Frauen:
I: $\quad$ y = 0,08·x + 1,81, [m] $\qquad$ I: $\quad$ y = 0,085·x + 1,595, [m]
II: $\quad$ y = 0,38·x + 1,98, [m] $\qquad$ II: $\quad$ y = 0,34·x + 1,68, [m]
III: $\quad$ Gerade parallel zur x-Achse. $\qquad$ III: $\quad$ Gerade parallel zur x-Achse.

Man beobachtet eine Plafondbildung mit einer Verspätung von einer Olympiade im Vergleich zu den Männern. In beiden Fällen erfolgte ab 1980 bzw. 1984 keine Leistungsverbesserung mehr. Die größte Leistungssteigerung geschah bei beiden Geschlechtern in der Zeit von 1948 bis 1980/84 (Abb.25).

Literatur: 1) Olympia-Lexikon, Köln 2004

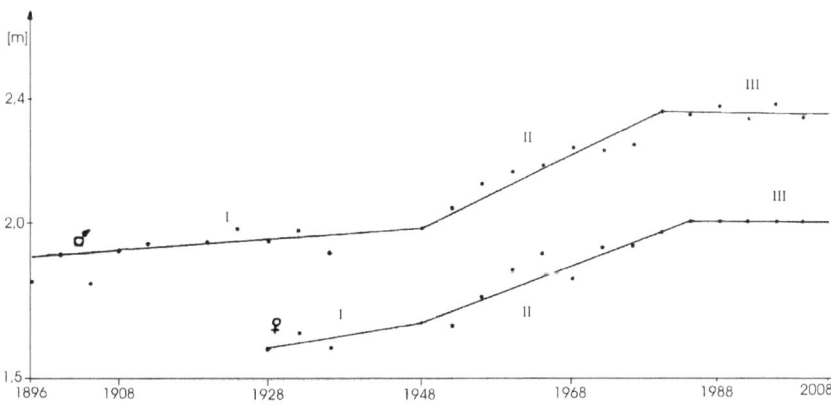

Abb. 25: Olympischer Hochsprung der Männer und Frauen

31

Verteilungsfunktionen

Natürliche und künstlich erzeugte Produkte sind bekanntlich nicht von einheitlicher Größe, sondern schwanken um einen Mittelwert. Misst man z.B. die Größe von Früchten, überträgt die Messwerte in eine Strichliste und erstellt danach ein Diagramm: Anzahl der Elemente pro Größenklasse gegen Größe, so bekommt man eine Verteilungskurve als Staffelbild oder als Polygonzug, je nach zeichnerischer Darstellung. Im Laufe der Zeit sind etwa zehn verschiedene Verteilungskurven gefunden worden, die zumeist nach ihren Entdeckern benannt wurden. Im Bereich von Physik und Chemie ist z.B. die Maxwell'sche Geschwindigkeitsverteilungskurve bekannt, sie beschreibt die Geschwindigkeit von Gasmolekülen bei verschiedenen Temperaturen (1). Die Kurve für 0°C (=273 K), Abb. 26, lässt sich mit einer gewissen Einschränkung anwenden auf die Kurve der europäischen Städtegründungen in der Zeit von 1170 bis 1600 (2), Abb. 27.

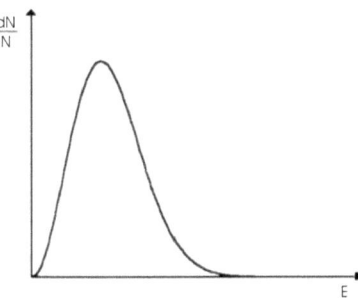

Abb. 26: Maxwell'sche Geschwindigkeitsverteilungskurve für Gase

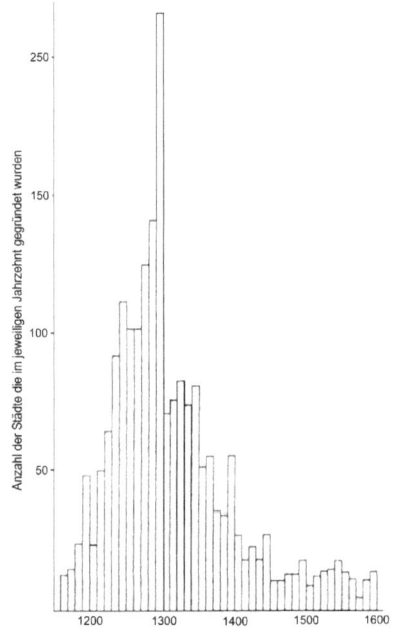

Abb. 27: Zahl der europäischen Städtegründungen 1170 bis 1600

Auch unter den Verteilungskurven, die für die Polymerisationsgrade in Polymeren aufgestellt wurden (3) sind welche, die hier Anwendung finden können.
Die Zunahme der europäischen Städtegründungen in der Zeit von 1170 bis 1600 hatte ihren Grund in den besseren Lebensbedingungen der Städte gegenüber dem Land, z.B. Unabhängigkeit von der Witterung, vor allem aber kein Einfluss des Adels, der seine Macht auf dem Land ausübte ("Stadtluft macht frei"). Ab 1300 erfolgte ein starker Abfall der Städtegründungen, weil man neben den handwerklich erzeugten Produkten der Stadtbevölkerung, z.B. Werkzeuge, Textilien, Flechtwerke usw., eben auch die ausschließlich auf dem Land erzeugbaren Lebensmittel, zumal für die zahlenmäßig gestiegene Stadtbevölkerung in verstärktem Maße wieder brauchte.
Der Abwärtstrend der Städtegründungen wurde im 14. Jahrhundert zweimal gebremst, einmal durch ungünstige Witterungsverhältnisse, zum anderen durch die Auswirkungen der Pest: Abnahme der Bevölkerung, Verfall der Getreidepreise und dadurch bedingt auch der Löhne, mit der Folge einer starken Abwanderung vom Land in die bereits bestehenden Städte.

Die Normalverteilung von Gauß
Am bekanntesten ist die Normalverteilung von Gauß, sie findet allgemeine Anwendung in der betrieblichen Qualitätskontrolle, kann aber auch zur Vorhersage , z.B. der Uranförderung dienen (4), Abb.28, in manchen Fällen zur Interpretation der Lufttemperatur (5), Abb. 29, oder von Bilanzsummen (6). Die Kurve der europäischen Städtegründungen kann gedeutet werden als ein Mischkollektiv (7), ein weiteres Mischkollektiv wurde gefunden für die Pesttodesfälle in Bietigheim 1607 (8). Die Pest kommt vor als Beulen-, Lungen- und Blutpest, in den Totenregistern steht aber nur "peste". Die Aufteilbarkeit der Kurve in zwei Einzelkurven legt die Vermutung nahe, dass zwei Pestarten gleichzeitig auftraten.

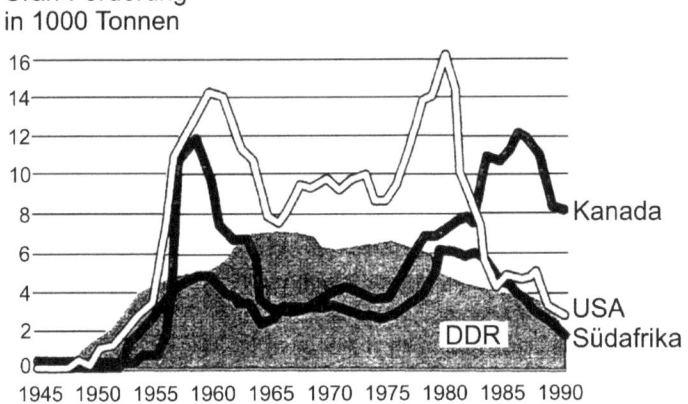

Abb. 28: Uranförderung in den USA, Kanada, Südafrikanische Union (freie Marktwirtschaft) sowie DDR (Planwirtschft) Chemie unserer Zeit 2005,39,240; www.chiuz.de

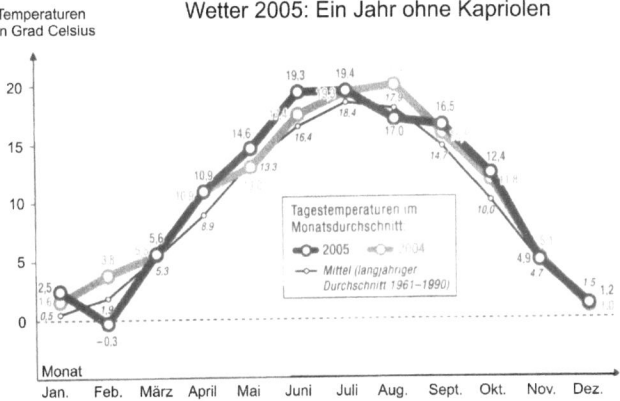

Abb. 29: Tagestemperaturen 2004 und 2005

Schuhgröße und Geschichte

Der isr.-arab. Krieg 1967 fand bekanntlich nach nur sechs Tagen ein frühes Ende durch den Sieg Israels über Ägypten. Die Israelis wunderten sich darüber, dass die meisten ägyptischen Gefangenen keine Stiefel trugen, die übrigen hatten Stiefel der Größe 41 (=7,5) an den Füßen und gleichzeitig lag die Wüste Sinai voll mit Stiefeln dieser Größe. Die Befragung der gefangenen ägyptischen Offiziere brachte des Rätsels Lösung: Die ägyptische Regierung hatte die Sowjetregierung um Lieferung von Militärstiefeln gebeten, der Befehl zu deren Herstellung ging an die Schuhfabrik Maxim Gorki in Kiew; der Betriebsleiter machte es sich einfach, indem er nur die Größe 41 herstellen ließ und nach Ägypten schickte. Alle Soldaten, die nicht Schuhgröße 41 hatten, konnten in ihren Stiefeln nicht marschieren, entweder, weil sie zu klein waren und drückten oder weil sie zu groß waren, sich mit dem feinen Wüstensand füllten und solchermaßen ein Marschieren unmöglich machten.
Für den zivilen Bereich werden Schuhe nach folgendem Verteilungsschlüssel hergestellt:

Schuhgröße:	7	7,5	8	8,5	9	9,5	10
Anzahl	1	1	2	2	2	1	1

Die Missachtung dieser Verteilung hat im Fall des Sechstagekriegs mit zu einem geschichtlichen Ereignis beigetragen.

Literatur:
1) J. Eggert, Lehrbuch der physikalischen Chemie, Leipzig 1948, S.597
2) M. L. Bacci, Europa und seine Menschen, München 1999, S. 35
3) L. H. Peebles jr., Molecular weight distributions in Polymers, N.Y. 1971
4) J. P. Gerling, F.-W. Wellmer, Chemie. unserer Zeit 2005, 39, 236; www.chiuz.de
5) Bietigh. Ztg. 5.1.2006, S.24
6) Bilanz der WCM AG 1993-2006
7) K. Daeves,A. Beckel, Großzahlforschung, Weinheim 1958, S.53,62
8) H. Orth, Bissingen an der Enz - Eine Chronik, Bietigheim 2005, S.44.

Das bewegliche Gleichgewicht
Nach der Erkenntnis von C. M. Guldberg und P. Waage kommen viele chemische Reaktionen zu einem Gleichgewichtszustand, der gegeben ist von den molaren Konzentrationen der Ausgangs- und Endprodukte:
$A + B \leftrightarrow C + D$

$K_c = {}^{[C][D] /\ [A][B]}$

Die Konstante K_c heißt Massenwirkungskonstante, sie ist, wie aus der Gleichung ersichtlich, von den Konzentrationen der beteiligten Stoffe abhängig, außerdem von der Temperatur. Für Gasreaktionen gilt eine auf Gasdruck bezogene Konstante K_p. Eine Änderung der Einflussgrößen Konzentration, Temperatur bzw. Druck hat eine Änderung der "Lage" des Gleichgewichts zur Folge. Dies wird zum Ausdruck gebracht durch das

34

Prinzip vom kleinsten Zwang von F. Braun, H. Le Chatelier und J. H.van´t Hoff: "Wird auf ein im Gleichgewicht befindliches System ein äußerer Zwang ausgeübt, so versucht das System, diesem Zwang derart auszuweichen, dass dieser verkleinert wird". So kann z.B. Abkühlung zur Folge haben, dass das Gleichgewicht sich in die Richtung eines wärmeliefernden Vorgangs verlagert.

Auf wirtschaftliche Verhältnisse angewandt, könnte das heißen: Industrieprodukte und Landwirtschaft sollten weltweit möglichst in einem harmonierenden Gleichgewicht stehen, eine Verschiebung zugunsten des einen Teils ohne Ausgleich auf den anderen hat eine Verlagerung des Gleichgewichts zur Folge, z.B. Nahrungsmittelmangel. Das Gleichgewicht wird dann beweglich, wenn die eine Seite der anderen unter die Arme greift. Die Industrie hat z.B. der Landwirtschaft zu Produktionssteigerung und Arbeitserleichterung verholfen durch die Erfindung der künstlichen Düngemittel (Haber-Bosch-Verfahren), der Schädlingsbekämpfungsmittel und der motorisierten Landmaschinen. Beide Bereiche, Industrie und Landwirtschaft, stellen ein Gleichgewicht dar und sind von einander abhängig .

Der Weg in die Unordnung

Wir haben oben die Entropie S als ein Maß für die Unordnung eines Systems kennen gelernt. Nach dem zweiten Hauptsatz der Thermodynamik, dem Entropiesatz, sind alle Vorgänge und Tätigkeiten mit einer Vergrößerung der Entropie des Systems verbunden. Entropie S und Wahrscheinlichkeit W sind nach Ludwig Boltzmann durch folgende Gleichung mit einander verknüpft:

$$S = k \cdot \ln W$$

k = Boltzmann-Konstante

$\ln$ = natürlicher Logarithmus

Besteht die Wahl zwischen zwei Vorgängen mit den Entropien S_1 und S_2 und den Wahrscheinlichkeiten W_1 und W_2, so gilt:

$S_1 = k \cdot \ln W_1$ und $S_2 = k \cdot \ln W_2$

Wenn $S_2 > S_1$, dann ist $W_2 > W_1$, d. h. der Vorgang 2, bei dessen Ablauf die Unordnung des Systems mehr zunimmt, ist begünstigt ("deterministisches Chaos"). Insofern sind Revolutionen und Kriege mehr begünstigt als "geruhsame" Friedenszeiten, was nicht ausschließt, dass es auch in diesen zu Streit und Tätlichkeiten kommen kann. Im Falle von politischen Umwälzungen bedarf es der Zufuhr einer "Aktivierungsenergie" E_A. So war z.B. General Lafayette im amerikanischen Unabhängigkeitskrieg 1776-1783 mit dabei und brachte von dort den Gedanken von "Freiheit, Gleichheit, Brüderlichkeit" in seine Heimat Frankreich, wo dieser Gedanke zur auslösenden Idee für die französische Revolution von 1789 wurde.

Nach dem zweiten Hauptsatz der Wärmelehre bewirken alle Tätigkeiten die Entropievergrößerung des Systems Erde, so lange, bis die Entropie ihr Maximum erreicht hat, die Erde befindet sich dann im Zustand des "Wärmetods". Er wird um so schneller erreicht, je mehr Entropie pro Zeiteinheit "entsteht", den Ausdruck dS/dt nennt man daher *"Zeitpfeil"*. Die Annahme vom Wärmetod gilt nur, wenn man die Erde als ein geschlossenes System betrachtet. Es ist aber denkbar, dass es einen Entropieaustausch mit außerirdischen Systemen gibt, z.B. mit "schwarzen Löchern".

Die Ostwald´sche Stufenregel

Der Chemie-Nobelpreisträger Wilhelm Ostwald (1852-1932) hat beobachtet, dass bei der Bildung von Stoffen, die in mehreren Modifikationen auftreten können, zuerst die thermodynamisch instabile Form gebildet wird, die dann unter Energieabgabe in die thermodynamisch stabile Form übergeht. So entsteht z.B. bei der Phosphorherstellung zuerst der gelbe Phosphor, der dann im Laufe der Zeit unter Wärmeabgabe in den stabilen roten Phosphor über geht. Die Stufenregel lässt sich auf den Ablauf von Revolutionen anwenden: es bildet sich zunächst eine gemäßigte, meist bürgerliche Regierung, die dann von radikalen Kräften abgelöst wird, die erwähnte "Energieabgabe" heißt in diesem Fall: Blut und Tränen ("Der Revolution des Proletariats geht die Revolution des Bürgertums voraus"). Die gemäßigten Regierungen waren in Frankreich Mirabeau, in China Sun Yat Sen und in Russland Kerenski.

Fusionen

Betrachtet man einen wässrigen Salzniederschlag, sagen wir Bariumsulfat, unterm Mikroskop, so sieht man große und kleine Kristalle. Wiederholt man die Beobachtung in Zeitabständen, dann stellt man fest, dass die großen Kristalle auf Kosten der kleinen Kristalle wachsen. In Wirtschaft und Politik laufen vergleichbare Vorgänge ab. In der Autoindustrie gab es zunächst kleine Firmen, die zum Teil mit Hammer und Schraubstock arbeiteten, dann erfolgte eine Konzentration auf wenige, modern und rationell arbeitende Firmen, weltweit sind es heute nur noch etwa ein Dutzend. Einen ähnlichen Vorgang erleben wir zur Zeit in der Biotechnologie, wo es viele kleine Firmen mit manchmal exotischen Namen gibt, die nicht viel mehr zu bieten haben als eine technische Intention, und die früher oder später aufhören müssen zugunsten von wenigen Großen, die einen genügend langen Atem haben, sie kaufen die Kleinen auf und schlachten sie aus oder verdrängen sie vom Markt. Die wirtschaftlichen Vorgänge haben ein Pendant in der Politik: durch die Gemeindereform wurden viele Dorfgemeinden mit historischen Namen zu neuen Agglomerationen zusammen gefügt und die europäischen Staaten schließen sich mehr und mehr zusammen zu der Staatengemeinschaft der Europäischen Union.

Stichwortverzeichnis

Verzeichnis der Abbildungen

Autorenprofil

Professor Dr. rer. nat. Helmut Orth

Geboren 1923 in Bissingen an der Enz. Besuch der Volksschule Bissingen von 1930 bis 1934, anschließend der Oberschule Bietigheim von 1934 bis 1940, danach der Mörike-Oberschule in Ludwigsburg, dort Abitur im März 1942. Kriegsdienst von April 1942 bis Kriegsende. 1946 bis 1953 Studium der Chemie an der TH Stuttgart mit Promotion über das Thema: "Katalytische Chlorierung organischer Verbindungen in der Gasphase". Am 1.7.1953 Eintritt in die BASF in Ludwigshafen, dort Weiterführung des Promotionsthemas sowie organisch-präparative Arbeiten, ab 1955 Tätigkeit in der Kunststoffrohstoffabteilung mit zwei großen Reisen nach Südostasien. 1958 Eintritt in die Staatliche Ingenieurschule Esslingen (heute Hochschule Esslingen) als Dozent für Chemie, ab 1969 als Professor. Forschungsarbeiten über Polymerholz, Galvanisieren von Kunststoffen, Studium von Sedimentationen, einschließlich der Blutsenkung, Staubmessungen, Luft- und Wasserverschmutzungen, Veränderung von Fluorpolymeren durch Gammastrahlen, Eigenspannungen in galvanischen Überzügen. Daneben zahlreiche Zeitungsveröffentlichungen und vier Bücher über die Ortsgeschichte von Bissingen.
Lebt im Ruhestand in Bietigheim-Bissingen.